Andreas Klement, Thomas Lurz

THINK GOLD

Denken und handeln wie Spitzensportler

W0400477

BusinessVillage

Andreas Klement, Thomas Lurz
Think Gold
Denken und handeln wie Spitzensportler
1. Auflage 2022

Bestellnummern
ISBN 978-3-86980-620-4 (Druckausgabe)
ISBN 978-3-86980-621-1 (E-Book, PDF)
ISBN 978-3-86980-622-8 (E-Book, EPUB)
Direktbezug unter www.businessvillage.de/bl/1131

Bezugs- und Verlagsanschrift
BusinessVillage GmbH
Reinhäuser Landstraße 22
37083 Göttingen
Telefon: +49 (0)5 51 20 99-1 00
Fax: +49 (0)5 51 20 99-1 05
E-Mail: info@businessvillage.de
Web: www.businessvillage.de

Layout und Satz
Sabine Kempke

Autorenfotos
Thomas Lurz, Andreas Klement

Druck und Bindung
www.booksfactory.de

Inhalt

Über die Autoren

Andreas Klement ist Autor, Speaker und Athletencoach. Er analysiert seit vielen Jahren die Erfolgsmechanismen aus dem Sport, die zu herausragenden Leistungen und Erfolg führen. Der Leadership- und Change-Experte ist Athletencoach mehrerer Welt- und Europameister und Olympiateilnehmer mit dem Schwerpunkt auf der Karriere nach der Karriere.

Kontakt
E-Mail: a.klement@andreasklement.de
Web: www.andreasklement.de

Thomas Lurz ist mit zwölf WM-Titeln der erfolgreichste Open-Water-Schwimmer der Welt. Neben der Silbermedaille bei den Olympischen Spielen 2012 ist er zweifacher Träger des Silbernen Lorbeerblattes des Bundespräsidenten. Er ist HR-Director bei s.Oliver und verantwortet dort für die ganze s.Oliver Group das Personal.

Kontakt
E-Mail: info@thomas-lurz.de
Web: www.thomas-lurz.de

Genderhinweis

Wir haben uns dazu entschieden, in diesem Buch aus Gründen der besseren Lesbarkeit die geschlechtsspezifische Differenzierung nicht durchgehend zu berücksichtigen. Wenn wir in der weiteren Folge und im Rahmen dieses Buches also nur die männliche Form wählen – zum Beispiel der Mitarbeiter, der Gesprächspartner, der Sportler –, so ist in gleichem Maße und in aller Wertschätzung ebenso die Mitarbeiterin, die Gesprächspartnerin, die Sportlerin et cetera gemeint.

Vorwort Annika Zimmermann: Weil ich gut bin in dem, was ich tue

Ich freue mich, dieses Buch für einen Menschen einzuleiten, der für Visionen vorangeht und damit gerne überrascht. Für unsere erste gemeinsame Moderation – ein Bankenforum – joggte er in VfB-Unterwäsche, Krawatte und Badeschlappen auf die Bühne. Die Nummer ging nicht in die sprichwörtliche Hose, sondern wurde (im Kontext der derzeitigen Verunsicherung in der Bankenbranche) hoch umjubelt. Was folgte, waren zig weitere Buchungen – mit Erfolgsgarantie.

Dass dieser Halbnackte also irgendwie eine eigene Herangehensweise und damit Erfolg hat, erahnen wir hier. Umso mehr war ich – wie Sie jetzt vielleicht – gespannt, was er in diesem Buch erzählen wird. Das Streben nach Erfolg ist so allgegenwärtig und überstrapaziert wie das Bekämpfen der Komfortzone. Das Rezept zu einem glücklichen, erfolgreichen Leben gleicht heutzutage der Suche nach dem Stein der Weisen. Was nur, was ist dieser eine Weg, der mich nach oben bringen wird?

Andreas Klement, für alle nach dem ersten Treffen »der Andy«, besitzt eine besondere Neugier für Menschen und deren Themen. Mit stets großer Empathie für sein Gegenüber, gepaart mit einem (zumal schalkhaften) Lächeln in den Augen, besitzt er eine sehr positive Ausstrahlung. Was ihn nicht davon abhält, gern mal gegen den Strom zu schwimmen. Dieses Querdenken sowie seine klare Sicht auf die Dinge und die Nähe, die er automatisch bei Sportlern aufbaut, sind die Grundzutaten/-ursachen dieses Buches.

Geschrieben inmitten einer Pandemie, die umso mehr Folgendes aufzeigt: Ein Virus kann nicht nur die Welt verändern. Sondern es kann uns auch den Kern unserer Persönlichkeit aufzeigen. Es ist die einmalige Chance, auf uns, in uns zu schauen und zu fragen: Was will ich denn wirklich? Wofür gehe ich los?

Andreas Klement hat vor langer Zeit eine Antwort darauf gefunden, als er seine sichere Anstellung verließ, volles Risiko ging und fortan seinen Traumberuf lebt. Wie viele können das von sich sagen? Wer kennt überhaupt sein »Wofür«? Kennen Sie es? »Wofür?«, das ist die einzige, entscheidende Frage für Erfolg.

Wir werden von vielen bekannten SportlerInnen lesen, die für ihr »Wofür« losgegangen sind und die erzählen, wie sie diesen Weg gemeistert haben. Wir werden lernen, dass Erfolg jeder kann. Denn jeden treibt etwas an. Wir unterscheiden uns zu anderen (Profisportlern) nur in unserem Treibstoff. Wir werden lernen, dass zu Erfolg nicht Talent, sondern vor allem Schweiß gehört und der Wille, das Beste aus sich herauszuholen. Und dass es statt dem einen Weg nur Ihren ganz eigenen gibt.

Das herunterzubrechen ist hier gelungen. Möge dieses Buch wertvolle Erkenntnisse und Impulse bereithalten. Möge es mehr Klarheit in Ihr Leben und die Antwort auf die Frage bringen, wofür Sie losgehen. Ob mit oder ohne Badelatschen, das dürfen Sie auf den folgenden Seiten für sich herausfinden.

Ich wünsche ein bewusstes Lesen – und Leben.

1.
Startschuss

1.1 Einleitung Andreas Klement

Ich bin morgens im Auto auf der Autobahn unterwegs nach Rottendorf, circa acht Kilometer von Würzburg entfernt. Dort liegt die Hauptzentrale von s.Oliver, dem Arbeitgeber des ehemaligen Freiwasserschwimmers Thomas Lurz. Er ist nicht nur der erfolgreichste Schwimmer Deutschlands und ein motivierender Speaker, sondern bei s.Oliver auch weltweit für den Bereich Personalberatung und -service verantwortlich. Außerdem ist er ein toller Mensch. Wir trinken Kaffee und Espresso, so wie immer, wenn wir uns treffen. Im Gespräch sage ich: »Thomas, eigentlich müssten wir mal ein paar Sportler interviewen, das zusammenfassen und daraus ein Buch machen.« Das ist zumindest die Kurzversion unseres langen Gesprächs. Die Antwort von Thomas ist da sehr simpel: »Dann lass uns das machen.«

Geboren war die Idee für ein Buch, das ich gerne als mein Herzensprojekt bezeichne.

Auch ein Thema war schnell gefunden: Mein berufliches Leben zeichnet sich durch sehr viel Reisen aus. Europaweit reise ich von Vortrag zu Vortrag, von Workshop zu Workshop und von Beratung zu Beratung. Und da habe ich immer das Thema »Erfolgsmechanismen aus dem Sport« mit im Gepäck. Ich ziehe gerne diese Analogien zwischen Sport und Wirtschaft. Und das will ich auch in diesem Buch tun, denn von Spitzensportlern lässt sich viel darüber lernen, was einen Erfolgstypen ausmacht. Tischtennisspieler Timo Boll ist da ein gutes Beispiel: Selbst mit Ende dreißig noch an der Weltspitze – das schaffen nicht viele Sportler. Timo Boll hat viel aus Niederlagen gelernt und er hat sich mit seinen Stärken und Schwächen arrangiert, lese ich in einem Artikel. Statt mit jugendlicher Fitness, als er den Ball noch mit einem einzigen Schlag auf tausendfünfhundert Rotationen brachte, gewinnt der reife Timo Boll mit dem Kopf und innerer Ruhe. Wer über lange Zeit im Sport erfolgreich sein will, muss sich anpassen können: an neue Gegner, neue Methoden und an die Leistungsfähigkeit des eigenen Körpers.

Ich persönlich habe schon immer eine besondere Beziehung zu Büchern. Als ich mein erstes Buch »Was die Wirtschaft vom Profisport lernen muss« schrieb, wurde ich gefragt, warum ich überhaupt ein Buch schreiben möchte. Meine Antwort: »Damit ich der Welt etwas hinterlassen kann.«

Wann immer ich nach Berlin komme, besuche ich den Bebelplatz, das ist mittlerweile zu einem festen Hauptstadt-Ritual für mich geworden. Und jedes Mal wieder bekomme ich eine Gänsehaut und mir stockt der Atem angesichts der Geschichte des Platzes: Das Opernplatz-Areal war am 10. Mai 1933 Hauptschauplatz der nationalsozialistischen Bücherverbrennung, organisiert und inszeniert durch den Nationalsozialistischen Deutschen Studentenbund. In Berlin verbrannten etwa siebzigtausend Studenten, Professoren und Mitglieder der SA und SS Bücher von als »undeutsch« bezeichneten Autoren, darunter Schriften von Sigmund Freud, Erich Kästner, Heinrich Mann, Karl Marx und Kurt Tucholsky. Bis heute verstehe ich nicht, wie man auf die Idee kommen kann, Bücher auf einen Haufen zu werfen und einfach zu verbrennen.

Beim Bücherschreiben und auch diesem Herzensprojekt geht es aber nicht nur darum, etwas Sinnvolles zu hinterlassen, sondern auch darum, etwas zurückzugeben. Thomas und ich haben dem Sport sehr viel zu verdanken. Ohne Sport hätte ich viele meiner Kunden nicht, ich hätte viele Menschen gar nicht getroffen und ich hätte auf viele wertvolle Freundschaften verzichten müssen. Deshalb fanden wir beide, dass es Zeit war, dem Sport dafür etwas zurückzugeben und den Erlös dieses Buches zu spenden. Als Empfänger kam für uns beide nur die Deutsche Sporthilfe in Betracht, denn Thomas ist jahrelang von der Sporthilfe gefördert worden und ich bin dort als Athletencoach tätig. Wenn Sie also gerade dieses Buch in den Händen halten und diese Zeilen lesen, dann wissen Sie, dass Sie durch den Kauf etwas Großartiges unterstützen. Herzlichen Dank dafür!

Inzwischen blickt dieses Buch auf eine etwas längere und leicht komplizierte Entstehungsgeschichte zurück: Eigentlich sollte es ohne das Thema Corona auskommen, aber so ganz geht das leider nicht, denn der ursprüngliche Wunsch, dass dieses Buch zu den Olympischen Spielen 2020 in Tokio erscheinen soll, war schlichtweg schnell erledigt. Fast alles geriet ins Stocken: die Suche nach einem Verlag, die Abstimmung mit den Sportlern, die Termine für die Interviews. Aus meinem normalen Motto »Gib hundert Prozent oder gib auf« wurde eher ein »Gefangen zwischen Homeschooling und Kinderanimationsprogramm«.

Wer hätte schon gedacht, dass es so einfach sein würde, die Olympischen Spiele zu verschieben oder das Finale der Champions League vor leeren Rängen stattfinden zu lassen. Doch trotz Coronakrise und Absage von Olympia dreht sich die Welt weiter – auch für Sportler.

Viele von ihnen wollten die Olympischen Spiele als das letzte große Highlight ihrer Karriere bestreiten und dann – möglichst mit einer Medaille – von der sportlichen Bühne abtreten. 2020 aber mussten sie nicht nur auf Gold, Silber oder Bronze verzichten, sondern gleich auf die kompletten Spiele. Die Sportler haben darauf unterschiedlich reagiert: Einige haben ihr Karriereende um ein Jahr nach hinten geschoben, für andere ist es ein unverhofft leiser Abtritt.

Auch ich persönlich erlebte im Bekanntenkreis, was die Absage von Olympia für Sportler bedeutete: Am 9. Februar 2020, einem Sonntag, klingelte mein Handy. Martin Strobel war dran und erzählte mir, dass er am nächsten Tag offiziell das Ende seiner Handballkarriere bekannt geben werde und er mir das im Vorfeld schon einmal erzählen wolle, damit ich es nicht aus der Presse erfahre. Eine Olympiateilnahme stand da aber noch zur Debatte, der Zeitpunkt des Rücktritts war nämlich noch nicht klar. Ein anderes Beispiel zeigt, dass sich Sportlerkarrieren trotz Corona weiterentwickeln. Es kommt ebenfalls aus dem Handball: Felix Danner wechselte nach zehn Jahren den Verein und ging von der MT Melsungen zur HSG Wetzlar. Andere Ex-Sportler machten zunächst negative Schlagzeilen: In den Kurznachrichten las ich zu dem Zeitpunkt, dass sich der ehemalige Fußballprofi und heutige Sportfunktionär Karl-Heinz Rummenigge dafür ausspreche, dass man Sportler bei Impfungen bevorzugt behandeln sollte. Da dachte ich mir, wie wahrscheinlich sehr viele Menschen: »Ja, bist du verrückt?« Rummenigge wurde für die Aussage regelrecht gesteinigt. Allerdings muss ich gestehen, dass ich meine Meinung dazu schnell geändert habe, nachdem ich das volle Interview gelesen hatte: Mir wurde klar, dass vieles aus dem Zusammenhang gerissen war. Etwas schwerer zu verzeihen sind da die Aussagen anderer Spitzensportler, die sich zu Anfang der Coronakrise in Verschwörungstheorien verstrickten. Leichtathletin Alexandra Wester zum Beispiel veröffentlichte auf Instagram ein heftig kritisiertes Video über einen vermeintlichen Impfzwang und eine Weltverschwörung. Ihr Partner und Basketball-Nationalspieler Joshiko Saibou warnte ebenfalls auf Instagram vor einem Verlust der Menschenrechte durch eine Maskenpflicht und Taylan Duman, der zu diesem Zeitpunkt Mittelfeldspieler beim Regionalligisten Borussia Dortmund II war, sprach in einem – schnell gelöschten – Video davon, dass Italien sich die Corona-Fälle zum Großteil ausgedacht habe, um EU-Gelder abzugreifen. Solche Aussagen sind doppelt problematisch, wenn man bedenkt, welch große Vorbildfunktion Sportler für viele Menschen haben. Das größte Sportmagazin Österreichs bat mich 2020, zu diesem Thema einen Artikel zu schreiben, und dem kam ich natürlich nach.

Inzwischen habe ich gelernt, dass Krisen auch etwas Positives mit sich bringen können: Als es in Deutschland so richtig mit Corona anfing, da habe ich viel und meist sehr lange mit meiner guten Freundin Annika Zimmermann telefoniert – oder gezoomt. In einem unserer Gespräche sagte sie dabei etwas sehr Wichtiges über die Coronapandemie: »Wir haben die Chance, daran zu wachsen!« Wie so oft hat sie damit recht. Ich bin daran gewachsen: an der Situation, an der Pandemie, durch dieses Buch, an allem. Für mich konnte »Think Gold – Denken und handeln wie Spitzensportler« zu keinem besseren Zeitpunkt kommen.

1.2 Einleitung Thomas Lurz

Seit vielen Jahren halte ich neben meinem eigentlichen Job als HR-Director der s.Oliver Group Vorträge oder Workshops in Unternehmen. Immer wieder komme ich dabei mit meinem alten Freund Andreas Klement zusammen. Entweder halten wir die Workshops zusammen oder wir tauschen uns untereinander aus, um wichtige gewonnene Erfahrungen zu teilen. Es ist generell sehr wichtig, seine Erfahrungen mit einem vertrauten Menschen zu teilen, um sich weiterzuentwickeln, auf dem neusten Stand zu bleiben und um Synergien zu erzeugen. Das konnte ich im Sport schon sehr früh lernen.

Bei unseren vielen Treffen ist uns der Gedanke gekommen, gemeinsam ein Buch über die Erfolgskriterien im Sport und in der Wirtschaft zu schreiben. Wir haben beide Seiten sehr gut kennengelernt und stellten fest: Im Sport wie in der Wirtschaft steht man ständig in Konkurrenz und muss sich gegen andere durchsetzen, um weiter zu bestehen. Daher sind die Grundprinzipien die gleichen und es ist extrem wichtig, von den Besten der Welt zu lernen.

Wir haben uns lange überlegt, wie wir unsere Erkenntnisse für euch darstellen wollen. Die Idee, andere Sportler zu interviewen und nach deren Erfolgskriterien zu fragen, fanden wir den besten Weg, um das Buch abwechslungsreich und spannend zu gestalten. Schließlich kennen Andreas und ich aus unserer langjährigen Erfahrung viele ehemalige und aktive Topathleten sowie Topmanager und -unternehmer.

Die Reaktion bei den Athleten war gigantisch gut und wir konnten in kurzer Zeit einige Topleute davon überzeugen, dabei zu sein. Dass Andreas noch die Spitzenidee hatte, den Erlös an die Stiftung Deutsche Sporthilfe zu spenden, machte das Projekt rund, auch für mich persönlich, denn die Deutsche Sporthilfe war für mich neben meinen Eltern, meinem Bruder, dem Verein und Sponsoren ein wichtiger Unterstützer, da sie absolut zielorientiert fördert und nah an der Wirtschaft ist.

Ich hoffe, wir können euch mit diesem Buch ein paar interessante und wertstiftende Denkanstöße und Strategien mitgeben.

Ich bin mir sicher, wenn man diese Inhalte gezielt anwendet, wird man am Ende ziemlich weit oben stehen. Daher viel Spaß beim Lesen, und noch viel wichtiger: Viel Kraft beim Umsetzen. Denn darauf kommt es an: Dinge umzusetzen. Die Theorie ist verständlich und einfach, aber die Umsetzung macht den Unterschied aus!

Viel Spaß und niemals aufgeben! Man muss hart zu sich selbst sein, dann fällt der Wettkampf leichter.

2.

Mannschaftssport

Mannschaftssport ist der beste Sport – sagen zumindest die Mannschaftssportler. Ich selbst spiele lieber in einer Mannschaft und viele Dinge, die ich als Handballer in der Mannschaft gelernt habe, übertrage ich heute auf den Business-Sektor.

Für einen Kongress musste ich einmal einen Vortrag zum Thema Veränderungsbereitschaft halten und da fiel mir direkt der Handballsport als Vergleich ein. Als ehemaliger Handballspieler erzähle ich sehr gerne vom Beispiel der »Schnellen Mitte«, einem Spielzug im Handball: Nach einem erfolgreichen Torwurf des Gegners darf man durch einen schnell ausgeführten Anwurf sofort auf den eigenen Torerfolg abzielen. Die Entstehung der Schnellen Mitte war maßgeblich von einer Regeländerung im Jahr 1997 sowie deren Erweiterung im Jahr 2001 beeinflusst und hatte große Auswirkungen auf die gesamte Handballwelt: Das Spiel wurde schneller, dynamischer, es gab mehr Tore. Das hatte aber auch zur Folge, dass eine ganze Ära von Handballsportlern von der Bildfläche verschwand.

Eine ähnliche Entwicklung gibt es im Bereich der Unternehmensführung. Das Gegenstück zur Schnellen Mitte nennt man hier VUCA- oder VUKA-Welt. VUCA setzt sich aus den Anfangsbuchstaben von vier englischen Wörtern zusammen:

1. Volatility (Volatilität),
2. Uncertainty (Unsicherheit),
3. Complexity (Komplexität) und
4. Ambiguity (Mehrdeutigkeit).

Gleichzeitig stehen die Buchstaben auch für eine entsprechende Strategie, um mit diesen neuen Herausforderungen umzugehen:

- Vision (Vision),
- Understanding (Verstehen),
- Clarity (Klarheit) und
- Agility (Agilität).

Einmal saß ich mit Axel Geerken, dem Geschäftsführer des Handball-Bundesliga-Vereins MT Melsungen zusammen. Als Torwart hat Axel Geerken selbst mehr als dreihundert Bundesligaspiele auf dem Kasten und hat einige Titel eingeheimst. Axel wurde von der Presse gerne liebevoll als »geschäftsführender Torwart« tituliert, weil er als Sportdirektor in der Saison 2008/09 in Wetzlar plötzlich im Tor spielte, nachdem sich der reguläre Torhüter Zoran Đordic verletzt hatte. Axel Geerken ist als Geschäftsführer ausgesprochen erfolgreich: Er hat aus einem Dorfverein einen vorzeigbaren Bundesligaverein geschaffen. Heute gehört der Verein zu den fünf Besten der Liga.

Auf meine Frage, wie er diesen Change geschafft hat, antwortete Axel: »Wir haben uns einen Berater ins Haus geholt und sämtliche Change-Mechanismen und -Praktiken angewendet. Vielleicht mit dem Unterschied zu anderen, dass wir es durchgezogen haben.« Aus meiner eigenen Tätigkeit weiß ich, dass viele Change-Prozesse in Unternehmen scheitern. Das macht das Beispiel des MT Melsungen so bedeutsam. Für mich ist es wichtig, dass die Menschen verstehen: In Veränderungen geht es ums Kapieren und nicht ums Kopieren!

2.1 Julius Brink: Die innere Flamme liefert Selbstmotivation, die Reflexionsgabe den Erfolg

Ich erinnere mich noch genau, wie ich 2012 Beachvolleyball bei den Olympischen Spielen gesehen habe und wie ich mit dem Team Brink/Reckermann mitgefiebert und mitgezittert habe. Ich habe mich damals aber auch gefragt, wie man nur Beachvolleyball spielen kann. Der ganze Sand! Der ist doch überall, auch an Stellen, an denen ich den nicht haben will. Und dann schwitzt man auch noch! Aber es war auch die pure Faszination, ihnen beim Spiel zuzuschauen. Obwohl ich regelmäßig mit Sportlern zusammenarbeite und es eigentlich besser wissen müsste, habe ich damals gedacht: »Wow, was für ein Team!«

»Die kämpfen füreinander, laufen, hechten, blocken und springen. Die verstehen sich so blind. Die müssen die besten Freunde sein!« Und dann habe ich Jahre später gelesen, dass sie privat nicht viel miteinander zu tun haben und es vor den Olympischen Spielen einen verbalen Disput nach dem anderen gab. Eigentlich mochten die beiden sich persönlich gar nicht und es war mehr eine Hassliebe. Da stand der Entschluss für mich fest: Einen von den beiden musste ich kennenlernen.

Warum ich mich für Julius Brink entschieden habe? Gute Frage. Irgendwie ist das für mich so ein echter Typ. Umso glücklicher war ich nach unserem ersten Telefonat, als Julius Brink sofort und spontan »Ja« zu einem Treffen sagte. Brink suchte die Location für unser Treffen aus und als wir uns dann das erste Mal in Köln persönlich gegenüberstanden, war ich gespannt wie ein Flitzebogen. Obwohl ich viele

Sportler kenne, war das dieses Mal anders, vielleicht auch, weil mir die Bilder vom Goldmedaillensieg immer noch so präsent waren. Wir trafen uns in einem kleinen Café, ein echter Insidertipp, und gefühlt kamen reihenweise bekannte Sportler herein und bestellten sich alle gängigen Kaffeesorten. Brink kam aus dem Grüßen gar nicht heraus.

Er bestellte einen Espresso und ich einen schwarzen Kaffee. Mein Bild von einem »echten Typen« kristallisierte sich immer mehr heraus: Seine Ansichten über seinen Sport, über die Welt und das Business waren glasklar. Mir gefällt, dass er nicht umfällt. Julius Brink hat eine Meinung und vertritt diese auch.

Wir treffen uns erneut. Dieses Mal geht es um dieses Buch. Durch den Beachvolleyball hat Julius Brink irgendwie die gleichen Qualitäten wie ein Start-up-Unternehmen: Da ist dieses Feuer, diese unbändige Lust, Neues auszuprobieren, und immer wieder diese starke Gabe zur Reflexion. Alles Faktoren, die einen erfolgreicher machen können und von denen viele Menschen mehr bräuchten.

Vom rebellischen Teenager zum Leistungsträger

Beachvolleyballer Julius Brink gilt als einer der erfolgreichsten deutschen Teamsportler und war der erste Europäer, der gleich drei WM-Medaillen gewinnen konnte. Die Liste der weiteren Erfolge ist lang: Gold bei den Olympischen Spielen in London 2012, drei Europameistertitel, acht Turniersiege bei der FIVB World Tour und fünf Titel bei den deutschen Meisterschaften.

»Eigentlich ist meine Karriere ganz anders und viel erfolgreicher verlaufen, als ich mir das jemals zu träumen gewagt habe«, sagt Julius Brink. Denn er war als Kind ein kleiner Problemfall und die Eltern wollten mit dem Kindersport einen entsprechenden Ausgleich bieten, allerdings zunächst nicht im Leistungssport, sondern gemeinsam mit der Mutter beim Sonderturnen. Eine Karriere als Erfolgsvolleyballer war damit keineswegs vorgezeichnet – im Gegenteil: Julius Brink konnte keinen Ball fangen. Kaum aber war er in der Halle, war er nicht mehr zu bremsen, er hatte einfach zu viel Energie. Noch heute listet er auf seiner Webseite »www.brinkreckermann.de« unter den Erfolgen auf: »1984–1986 Mutter und Kind Turnen beim TSV Bayer Leverkusen – Aufgrund von ADS aus der Gruppe geworfen.« Dem Verein blieb er trotz dieses Rauswurfs treu. 1988 begann der 1982 geborene Julius Brink als Hallenvolleyballer bei Bayer Leverkusen. Der ältere Bruder spielte damals bereits im Verein Volleyball und so landete auch Julius Brink in der entsprechenden Kindergruppe.

Der damalige Trainer der verschiedenen Kinder- und Jugendmannschaften vermittelte früh die Werte und Attribute des Leistungssports, »spielerisch und ohne Druck«, erzählt Julius Brink. »Es war für mich ein Segen, dass ich das sehr früh und fast unterschwellig gelernt habe.« Später, als selbstständiger Athlet, konnte er auf viele der so gefestigten Grundlagen zurückgreifen. Insbesondere in der Pubertät lieferte der Sport die notwendige Struktur, denn Julius Brink war als Jugendlicher kein einfacher Charakter,sondern einer, der gerne einmal überdrehte und ausflippte, wie seine Eltern später in Zeitungsinterviews erzählten. Schon damals hatte Julius Brink großen Ehrgeiz und ließ oft genug seiner Frustration freien Lauf, wenn die anderen Spieler in der Mannschaft nicht so mitzogen, wie er es erwartete. Die größte Strafe, die man ihm als Jugendlichem androhen konnte, war ein Sportverbot, denn der Sport war für ihn eine wichtige Konstante: »Und ich habe das eine oder andere Mal darüber nachgedacht, was mit mir passiert wäre, wenn ich das nicht als Konstante gehabt hätte.«

Ursprünglich strebte Julius Brink eine professionelle Karriere im Hallenvolleyball an, denn »als ich begonnen habe, gab es die Variante Beachvolleyball noch gar nicht beziehungsweise nur in den Kinderschuhen«. 1996 wurde Beachvolleyball erstmals eine olympische Disziplin, drei Jahre später – 1999 – wechselte Julius Brink von der Halle auf den Sandplatz. Der chaotische Jungspieler entwickelte große Disziplin und organisierte beispielsweise selbst seine Reisen zu Turnieren und Wettkämpfen. Beachvolleyball gewann derweil an

Popularität: 2000 gab es die erste Bronzemedaille für ein deutsches Team in Sydney und damit die entsprechende Aufmerksamkeit für den neuen Sport. »Die Verbände wurden stärker auf den Sport aufmerksam und die Sichtung ging los«, sagt Julius Brink über die Entwicklung. Seine Eltern waren aber zunächst skeptisch, insbesondere der Vater, ein promovierter Chemiker, hoffte, dass der Sohn trotz Sportkarriere etwas Anständiges und Bodenständiges lernen würde – bis er den Sohn das erste Mal in den Nachrichten sah.

Brinks Karriere war gezeichnet von Höhen, aber auch Tiefen: 2000 wurde er gemeinsam mit Niklas Rademacher Dritter bei der U19-EM. Ab 2002 bildete er ein Duo mit Kjell Schneider, mit dem er 2004 deutscher Vizemeister und 2005 Dritter bei der Weltmeisterschaft in Berlin wurde. Die Erfolge setzten sich auch mit dem nächsten Teampartner fort: Julius Brink und Christoph Dieckmann gewannen bereits im ersten gemeinsamen Jahr die deutsche Meisterschaft und wurden Europameister. 2007 verteidigten sie den deutschen Meisterschaftstitel. Als bestes deutsches Team qualifizierten sich beide für die Olympischen Spiele in Peking, schieden aber in der Vorrunde aus und verpassten auch die Titelverteidigung bei der deutschen Meisterschaft. Ab 2009 bildete Julius Brink ein Team mit Jonas Reckermann und beide gewannen direkt in der ersten Saison den Weltmeistertitel. Weitere Turnierteilnahmen folgten, bevor sie 2011 bei der WM in Rom die Bronzemedaille gewannen – für Brink die dritte WM-Medaille. Im selben Jahr gewann das Team auch die Beachvolleyball-Europameisterschaft in einem rein deutschen Finale. 2012 konnten sie diesen Titel verteidigen. Im selben Jahr folgte einer der größten Erfolge: Brink und Reckermann gewannen bei den Olympischen Sommerspielen in London die Goldmedaille.

Julius Brink und Jonas Reckermann waren auf dem Sandplatz ein gutes Team, privat aber hatten sie nicht viel gemeinsam und ihre Persönlichkeiten und Interessen waren durchaus sehr unterschiedlich. Brink und Reckermann brachten aber ihre ganz individuellen Stärken ins Team, hatten jeweils ihre spezifische Rolle und stets ein gemeinsames Ziel vor Augen. Ihre Fähigkeit, sich trotz aller Unterschiede und ihrer individuellen Besonderheiten gegenseitig zu unterstützen, machte letztlich den Erfolg aus. Die Zusammenarbeit für das Erfolgsduo endete zwangsweise: Nachdem Reckermann die Karriere gesundheitlich bedingt beenden musste, spielte Brink 2013/14 kurzzeitig gemeinsam mit Sebastian Fuchs. Doch auch Brink musste 2013 alle Turniere wegen einer Oberschenkelverletzung absagen. Der zweite Versuch, die Karriere neu zu starten – dieses Mal mit Armin Dollinger –, scheiterte ebenfalls an einer Verletzung und so beendete Julius Brink endgültig die Karriere als Profisportler.

Aus der Öffentlichkeit verabschiedete er sich aber trotzdem nicht, stattdessen trat er über die Jahre mehrfach bei Shows und Unterhaltungssendungen im Fernsehen auf, darunter bei »Hell's Kitchen«, der neunten Staffel von »Let's Dance«, »Grill den Henssler«, »Das große Promibacken« und den Promi-Specials von »The Taste« und »Ninja Warrior Germany«. Zudem arbeitete er als Kommentator und Fernsehexperte bei verschiedenen Beachvolleyball-Events. Seit Juli 2020 koproduziert er den Beachvolleyball-Podcast »Shorts«. Auch im Privatleben ist Julius Brink schwer aktiv: Für den Urlaub mit Frau Verena und den beiden Söhnen hat er einen alten Feuerwehrbus in einen Campervan umgebaut.

Leistungssport als Rettungsanker und Lernprozess

Leistungssport ist ein Lernprozess. Julius Brink widmete sich zwar bereits als Kind einem Teamsport, aber nicht immer passte er vom Persönlichkeitstyp in die Mannschaft: »Ich war weiß Gott kein einfacher Charakter und sicherlich ein Typ, der auch schwer in ein größeres Mannschaftsgefüge zu integrieren war.« Julius Brink bezeichnet sich selbst als klassischen Problemspieler und »schwierigen Typ«, »der extrovertiert ist und gerne für sich andere Regeln ansetzt als diejenigen, die für die allgemeine Mannschaft gelten«. Der Drang, Teil einer Mannschaft zu sein, vermischte sich so mit dem Bedürfnis, zeitgleich als das prominente Gesicht nach außen zu wirken.

Durch den Sport hat Julius Brink gelernt, sich in ein Team zu integrieren, dass es notwendig ist, einen langen Atem zu haben, wenn man seine Ziele verfolgt, und Regeln zu befolgen, die vielleicht gerade für einen Jugendlichen keinen Sinn ergeben. Für Julius Brink war das die Pünktlichkeit. »Wenn meine Eltern sagten, dass es wichtig ist, dass wir pünktlich sind, dann habe ich gesagt: Das ist mir völlig egal!« Wenn aber die Mannschaftskameraden dasselbe erwarten, ist Pünktlichkeit plötzlich auch persönlich wichtig, »weil deine Kollegen sich auch für dich reinhauen«. Bestimmte Regeln und Verhaltensweisen gehören zu einem Fair-Play-Gedanken einfach dazu und für Sportler heißt das, die Bedürfnisse des Teams vom eigenen Egoismus – ebenfalls ein Motor für den Erfolgsdrang – abzugrenzen. Sport hilft, ein klares Wertesystem aufzubauen: »Ich habe vierzehn, fünfzehn Jahre Leistungssport gemacht. Das prägt einen nicht nur körperlich. Ich habe nicht nur die Knie eines Volleyballers, sondern auch die Denke. Mein Wertesystem kommt stark aus dem Sportbereich und da habe ich viel mitgenommen. Also dieser Gewinn ist eigentlich viel, viel größer anzusehen als letztendlich der Gewinn der Goldmedaille.«

Zielsetzung und Teamfindung – ein Balanceakt

Für Brink war der Wechsel vom Hallenvolleyball zum Beachvolleyball mit einer persönlichen Entwicklung verbunden: »Die Idole, die ich damals als Jugendlicher hatte, zu denen ich aufgeschaut hab, das waren ja alles Hallenvolleyballspieler. Da gab es Beachvolleyball noch gar nicht.« Der entscheidende Unterschied zwischen Hallen- und Beachvolleyball ist selbstverständlich die Mannschaftsgröße sowie die Rolle des Trainers. Im klassischen Volleyball muss sich der einzelne Spieler viel stärker dem gesamten Team unterordnen, im Beachvolleyball hat er wie im Einzelsport eine größere Eigenverantwortung und der Trainer hat eher beratende Funktion. Julius Brink vergleicht das mit einem Unternehmen: Im Hallenvolleyball sei der Spieler eher wie der klassische Angestellte, im Beachvolleyball sei die Rolle vergleichbar mit einem Start-up – mit allen Möglichkeiten und Schwierigkeiten, die da bestehen.

Als Einzelsportler ist es wichtig, sich entsprechende sportliche Ziele zu setzen, und im Team geht es dann darum, zwei individuelle Ziele zu vereinen. Die Zielsetzung beginnt bereits bei der Partnersuche. Julius Brink hat seine Partner nie danach ausgesucht, wer sein bester Freund sein könnte, mit dem er gerne ein Bier trinken oder auf Weltreise gehen möchte, vielmehr hat er stets gesagt: »Ich spiele mit dir zusammen, weil du der beste Partner im sportlichen Sinne bist.« Julius Brink suchte sich »jemanden, der für die Bewältigung der Aufgabe der ideale Konterpart« ist. Doch selbst der ideale sportliche Partner hat meist nicht das exakt gleiche Ziel. Julius Brink erkannte: Für seinen Partner »waren Ziele halt anders definiert, als es für mich der Fall war, und die Erkenntnis, dass wir trotzdem erfolgreich sein können, war für mich ein Aha-Effekt. Vorher dachte ich: Das geht nicht, wenn wir jetzt zu der Weltmeisterschaft fahren und ich sag, ich will Weltmeister werden oder eine Medaille gewinnen, und er sagt, er möchte eigentlich das, was wir uns im Vorhinein erarbeitet haben, spieltaktisch und spieltechnisch gerne umsetzen.« Der eine war damit fixiert auf das Ziel, der andere eher handlungsorientiert. »Dass das funktioniert, das war natürlich eine Wahnsinnserkenntnis und gibt natürlich dann die Gewissheit: Okay, das machen wir jetzt weiter so! Wir müssen nicht das gleiche Ziel haben.«

Zur Bestimmung der Zielsetzung im Beachvolleyball gehört neben den Spielern ein Team von Betreuern und Trainern mit oft unterschiedlichen Zielvorstellungen – auch wenn das Endziel grundsätzlich das Gleiche ist: Sieg, Erfolg und Medaillen. Julius Brink gibt dafür ein bildhaftes Beispiel: »Am Ende kann man die Ziele schon als fünfspurige Autobahn begreifen, die grundsätzlich Richtung Norden führt.« Hätte jetzt einer in der Gruppe von Trainern und Spielern gesagt: Es reicht, Neunter zu werden, dann hätte das für einen ehrgeizigen Spieler wie Julius Brink selbstverständlich nicht funktioniert. Es geht also nicht um den kleinsten gemeinsamen Nenner, sondern vielmehr um einen für alle akzeptablen gemeinsamen Nenner, der das Gesamtziel steuert.

Das beste Beispiel für erfolgreiche Teambildung ist das Duo Brink-Reckermann. Im Winter 2008, nach der Olympiade und vor der Weltmeisterschaft, war für viele Teams der Zeitpunkt für ein Bäumchen-wechsel-dich-Spiel gekommen, und viele neue Konstellationen fanden zusammen – auch Julius Brink und Jonas Reckermann. »Wir haben auch unsere alte Teampräsentation verlassen und sind in eine neue rein.«

Ein neues Team bringt oft neuen »Drive« und neuen »Elan«, die Möglichkeit, aus dem Gewohnten auszubrechen, sagt Julius Brink über den Beginn der Zusammenarbeit mit Reckermann. Julius Brink sah die Definition von gemeinsamen Zielen dabei als eine Chance, den neuen Partner besser kennenzulernen: »Was ist seine Motivation? Was treibt ihn jetzt die nächsten Wochen an, Vollgas zu geben?« Warum ist jemand hier? Warum macht er den Sport? Das auszuloten ist beim Beachvolleyball einfacher als im traditionellen Volleyball-Kosmos, wo zwölf Spieler zusammenkommen und »zwei das vielleicht wegen der Kohle machen und drei wegen der Mädels«. Solche Motivationen anzusprechen sei vergleichsweise einfach: »Dann sag ich dem, der es wegen der Mädels macht: Pass auf, wenn wir im Halbfinale stehen, Halleluja, danach kannst du dich vor Angeboten kaum retten.« Und wer auf das Geld aus sei, der lasse sich mit einem Preisgeld und dem Bonus vom Verband locken.

Ein weiterer wichtiger Aspekt bei der Bildung des richtigen Teams ist natürlich, dass zwischen den großen Wettkämpfen oft Jahre liegen. Das heißt, die Teams müssen ihre Motivation über einen langen Zeitraum aufrechterhalten – ohne den ermutigenden und motivierenden Medaillengewinn. Zudem besteht ein relativ enges Zeitfenster, in dem Profisportler erfolgreich sein können, und dann muss die Leistung passen. Das gibt der Zusammenarbeit einen entsprechenden Projektrahmen – ähnlich wie im Geschäftsleben. Gemeinsam mit Jonas Reckermann hat Julius Brink in diesem gemeinsamen Zeitfenster tatsächlich alles rausgeholt, was möglich war: Bereits im ersten Jahr der Zusammenarbeit holten sie den Weltmeistertitel. Neben dem damit verbundenen Erfolgserlebnis schuf dieser Sieg aber auch ungewohnte Probleme und die Frage: »Wie gehe ich mit Erfolg eigentlich um? Dass ich mit Niederlagen irgendwo besonders umgehen muss, ist klar. Aber wie geht man tatsächlich mit Erfolg um? Auch das muss man lernen, sonst machst du zu viele Fehler.«

Julius Brink hatte seine größte Erfahrung mit Niederlagen kurz vor der Teamneubildung mit Jonas Reckermann: Die Olympischen Spiele 2008 in Peking – damals noch mit Teampartner Christoph Dieckmann – waren für ihn der persönliche Tiefpunkt der Karriere. Das Team schied bereits in der Vorrunde aus. Viel härter aber war die Erkenntnis, dass »ich brutal an meine Grenzen gestoßen bin, spielerisch und in meiner Entwicklung, und ich neue Wege gehen muss«. Dass er vier Jahre später in London mit einem Olympiasieg wieder deutlich über alle Erwartungen hinausschießen würde, war damals natürlich noch nicht abzusehen.

Talent oder Fleiß – Was macht einen erfolgreichen Sportler aus?

Ein starker Wille und die richtige Einstellung waren für seinen Erfolg als Leistungssportler entscheidend, sagt Julius Brink heute. »Meine Talente waren sicherlich auf gewisser Ebene vorhanden, aber ich musste schon immer an meine Grenzen gehen, um überhaupt konkurrenzfähig zu sein.« Der unbedingte Willen, dem Sieg alles andere unterzuordnen, erlaubte ihm, die körperlichen Nachteile gegenüber der Konkurrenz auszugleichen.

Grundsätzlich kommt für Julius Brink in einer erfolgreichen Sportlerkarriere beides zusammen: Talent und Fleiß. »Es ist so, dass man das Talent ein Stück weit auch geschenkt bekommen hat«, sagt er. Manch einer hat vielleicht von Natur aus das gewisse »Händchen Leichtigkeit am Ball«. Aber »Sportarten sind mittlerweile so komplex, dass ich keinen kenne, der jetzt alle Attribute des Leistungssports über Talent abgedeckt hätte. Ein Talent, fleißig zu sein, gehört auch dazu«. Hier gehen das Bild, das die Öffentlichkeit vom Sport hat, und die Realität oft weit auseinander, denn viele Nichtsportler glauben, dass Talent entscheidend ist. Sportler aber wissen oder lernen, »in diesen Dingen habe ich Talent, aber in ganz vielen Bereichen habe ich das zum Beispiel nicht. Das muss man dann mit Fleiß oder harter Arbeit ausgleichen«. Wer Höchstleistungen erreichen will, muss beide Komponenten bedienen.

Gegnern in einem Spiel unterlegen zu sein, kann ein wichtiger Anstoß sein, innovativere Wege zu gehen und anders zu spielen. Doch den richtigen Weg zu finden, um beispielsweise die Spieltaktik zu verbessern, ist nicht einfach. Julius Brink beschreibt das als einen Prozess, bei dem man fünf Sachen ausprobiert, zwei beibehält und drei irgendwann verwirft, weil sie nicht so funktionieren wie ursprünglich erhofft. Doch trainiert man damit eher Stärken oder Schwächen? »Wenn wir etwas Neues lernen, dann ist es eine Schwäche«, sagt Julius Brink, vor allem in einem Sport, der Allrounder anspricht. Übung aber macht den Meister und ein Sportler ist immer nur so gut wie sein schwächster Punkt: »Am Ende waren wir dann so gut, dass es absolut unsere Stärke war. Du kannst aus einer Schwäche auch tatsächlich eine Stärke machen.«

Ganzheitlichkeit ist im Beachvolleyball ebenfalls wichtig: »Es ist schon extrem wichtig, ein breites Fundament zu haben«, sagt Julius Brink. Der Sportler steht dabei auf verschiedenen Säulen, wobei die körperlichen, sportlichen Anforderungen natürlich mit am wichtigsten sind. Darüber hinaus spielen aber Faktoren wie Ernährung, ausreichend Schlaf, der Umgang mit Erfolgen und Misserfolgen und mentale, psychologische Komponenten eine wichtige Rolle. Das sei immer ein Lernprozess, sagt Julius Brink. Robert Lewandowski, heute ein Ernährungsexperte, habe sich am Anfang seiner Karriere sicherlich auch noch anders ernährt, »weil er vielleicht aus der Wissenschaft auch neue Anreize bekommen hat«. Cristiano Ronaldo auf der anderen Seite mache seinen Erfolg an einem bestimmten Schlafmuster fest, erzählt Julius Brink über die Erfolgsstrategien der Spitzensportler.

Einer der entscheidenden Faktoren ist für Brink darüber hinaus die Fähigkeit zur Selbstmotivation. Er spricht hier von einer inneren Flamme, die einen auf die richtige Temperatur bringt. »Es gibt natürlich auch als Leistungssportler Phasen oder Trainingseinheiten, wo du jetzt weniger Bock hast oder wo es schwieriger ist«, erzählt der Sportler, aber trotzdem gehe dieses innere Brennen nicht aus. »Wenn es ausgeht, merkst du es, weil es eigentlich so ein bisschen die Seele des Sportlers ist, die dann am Ende die Motivation auslöst.« Sie treibt einen morgens aus dem Bett und sorgt dafür, dass sich Sportler weiterentwickeln können. »Ich musste mir nie Gedanken darüber machen, was mich motiviert oder warum ich motiviert bin, warum ich Bock auf das habe, was ich da mache – und das ist das, was mich angetrieben hat.«

Dieser für Brink alles entscheidende und von innen befeuerte Kampfgeist, der ihn von anderen Sportlern unterschied, ließ am Ende der Karriere nach, als Julius Brink wegen Verletzung und Reha lange Zeit ausfiel. Diagnose und Therapie dauerten länger als anfangs gedacht und das gab ihm die Möglichkeit, sich selbst von außen zu betrachten. »Als nach dem Olympiasieg das Feuer auch für das Training nicht mehr da war, habe ich gemerkt: Okay, warum sollte ich jetzt trainieren? Warum sollte ich mir jetzt einhundertsechzig Kilo auf die Schultern legen, um damit tiefe Kniebeugen zu machen?« Das Ende der Karriere war somit ein logischer Schritt: Julius Brink erkannte, dass das anfängliche Feuer für den Sport nicht mehr da war. »Wenn kein Feuer da ist, kannst du auch nicht für schöne Sachen brennen«, sagt er.

Die Karriere nach der Karriere: Wenn der Profisport als Ventil wegfällt

Sport war für Julius Brink immer ein Ventil und ein Ausgleich. Nach der Karriere kam für ihn erst einmal eine Phase, in der er »einfach gar keine Lust auf Sport hatte«. Das hing auch mit der Verletzung zusammen, die das Karriereende erzwang, und mit der damit verbundenen körperlichen Einschränkung. Von der Reha verabschiedete sich Julius Brink in den sportlichen »Ruhestand«. »Als diese Entscheidung gefallen war, musste ich erst einmal lernen, Sport in einem normalen Maße zu betreiben.« Anfangs fehlte dazu vollkommen die Lust und rund ein Dreivierteljahr machte Julius Brink überhaupt keinen Sport. »Wenn du so lange Leistungssport betreibst und dann von jetzt auf gleich aufhörst – das kann ich keinem empfehlen«, sagt er. Nicht nur mental hatte dies Konsequenzen, sondern auch physisch: Schlechter Schlaf und Kopfschmerzen waren die Folge. Von der Hochleistungsmaschine auf null herunterzufahren war nicht möglich.

Die Sportabstinenz blieb aber nicht lange bestehen und Julius Brink entschloss sich, die »wunderschöne Welt des Sports« zu erkunden und Erfahrungen zu machen, »die man eigentlich als Siebenunddreißigjähriger schon mal gemacht haben könnte, zum Beispiel auf Skiern zu stehen oder mal auf dem Rennrad zu fahren«. So entdeckte er auch das Fitnessboxen für sich, das ihm heute einen Ausgleich bietet.

Das Ende einer Spitzensportlerkarriere ist immer mit einer neuen beruflichen Laufbahn verbunden. Julius Brink war sich früh bewusst, dass die Sportkarriere nicht ewig Bestand haben würde und dass die Phase danach ihn länger begleiten würde als die Leistungssportlerzeit. Doch war die Karriere nach der Karriere lange nicht sein Hauptfokus. Der Leistungssport verlange einen einhundertprozentigen Einsatz, sagt er, gefolgt von körperlichen und mentalen Regenerationsphasen. Schon in der Schule war Julius Brink klar, dass der Leistungssport seine berufliche Zukunft ist, und er entschloss sich, »alles auf diese Karte zu setzen«, weil der Sport ihn glücklich machte und zufriedenstellte. »Ich habe das gemacht, was ich geliebt habe und wo ich meine Ziele für mich persönlich definiert habe.« Als einen klassischen Beruf hat Julius Brink den Leistungssport aber nie definiert. In Gesprächen sei es manchmal aber schon etwas komisch gewesen, wenn es um das Thema Beruf ging und Julius Brink erwähnte, dass er professionell Beachvolleyball spiele. »Und davon kann man leben?«, war da häufig die erste Reaktion.

Das Ende der sportlichen Karriere zu finden und zu akzeptieren ist nicht einfach, wenn der Sport für einen so langen Zeitraum der Ankerpunkt war. Doch hätte Julius Brink rückblickend auf seine Karriere irgendetwas anders gemacht? »Nicht viel«, sagt er. »Ich hätte auf jeden Fall ganz am Anfang mein Abitur zu Ende gemacht.« Für Julius Brink ging es stattdessen mit Fachabitur direkt auf die Überholspur Leistungssport. Noch als Teenager das Abitur zu machen, hätte ihm unter anderem viel Ärger im Elternhaus erspart, denn besonders der Vater hatte darauf gedrängt. Alle anderen Probleme und Fehler in der Karriere, so sagt Brink heute, habe er aber »sehr gerne gemacht, weil du hinten raus immer unfassbar viel draus gelernt hast«. Und diese Lernprozesse waren besonders wichtig. Ein späteres Studium war für ihn dann schließlich Dank des Bologna-Prozesses dennoch möglich. »Gehöriges Glück«, nennt Julius Brink das heute. Julius Brink machte ein Sportbusiness-Management-Studium an der IST-Hochschule für Management in Düsseldorf.

Leadership in Wirtschaft und Sport

Heute gibt Julius Brink seine Erfahrungen aus dem Spitzensport an Unternehmen weiter. Für eine erfolgreiche Sportkarriere im Volleyball bedarf es neben Talent und Fleiß auch des richtigen Trainers – ähnlich wie es Führungskräfte in Unternehmen braucht. Was aber macht für Julius Brink einen guten Trainer oder eine gute Führungsfigur aus? »Also für mich muss es ein authentischer Typ sein, also Authentizität im Sinne von, dass er das, was er vermitteln will, auch selber lebt.« Und das betrifft zwei Ebenen: das Vorleben und die innere Einstellung. Julius Brink vergleicht das mit einer Situation im Büro: »Ich kann jetzt zum Beispiel als Top-Leader immer morgens klassisch der Erste im Büro sein, aber du merkst irgendwann auch unterschwellig, wenn jemand wirklich für die Sache brennt, also den Erfolg wirklich will.« Im Sport merke man das noch schneller als im Berufsleben, »aber ich finde, das kommt immer relativ schnell raus, ob jemand wirklich Bock hat, mit einer Sache erfolgreich zu sein, hinter der er steht – oder eben nicht«. Darüber hinaus spielen Fachkenntnisse eine große Rolle.

Leader müssen breit aufgestellt und einfühlsam sein und viele Facetten des klassischen Trainerjobs beherrschen, weil zum Beispiel die Motivationslage bei unterschiedlichen Mitarbeitern und Teams sehr unterschiedlich sein kann. Sie zu motivieren, ist daher nicht ganz einfach – im Sport wie in der Wirtschaft. Teamstrukturen und Aufgaben werden komplexer und Teams müssen diese Komplexität beherrschen. »Zu Authentizität gehört für mich auch, dass man jemand ist, der Menschen Freiheiten gibt, der gute Experten in seinem Team vereint, die ihm natürlich per se in vielen Bereichen sogar überlegen sind.« Je breiter die Aufgabe wird, desto wichtiger ist es, sich die entsprechende Expertise ins Team zu holen. Leadership heißt auch, Verantwortung abzugeben. Julius Brink und seine Partner nahmen auf dem Sandplatz selbst eine Leadership-Rolle ein – also anders als bei den klassisch patriarchalischen Strukturen in manchen Unternehmen. Dabei sollten sich moderne Unternehmen heute an einem Modell orientieren, wie Brink und seine Teampartner es im Sport vorgelebt haben: »Ich glaube, dass es keine andere Wahl mehr gibt, als so ein Modell aufzubauen. Ich bin von dem überzeugt, wie wir es damals in unserer Position gemacht haben.« Gegenüber anderen Teams habe sich die Eigenverantwortung der Spieler als ein sehr erfolgreiches Modell erwiesen.

»Interessant ist es grundsätzlich für alle Branchen, über den eigenen Tellerrand hinauszuschauen«, sagt Julius Brink mit Blick auf die Frage, was Unternehmen zusammenfassend vom Leistungssport lernen können. Gleichzeitig kann sich auch der Sport Dinge aus der

Wirtschaft abgucken – insbesondere der Mannschaftssport: »Da gibt es ja auch viele Studien und Erfahrung aus Wirtschaftsunternehmen mit größeren Teams, die Rückschlüsse darauf zulassen, wie Mannschaften zu führen sind.« Der Erfahrungsaustausch zwischen unterschiedlichen Bereichen kann somit beiden Seiten Vorteile bringen: Unternehmen können viel aus den Bereichen Musik, Zirkusakrobatik oder Sport lernen, beispielsweise wie Teams und Gruppen harmonisch und aufeinander abgestimmt zusammenarbeiten. Das Gleiche gilt auch umgekehrt: Auch der Sport kann von der Wirtschaft lernen. Davon ist Julius Brink überzeugt.

2.2 Martin Strobel: Durchsetzungskraft als Schlüssel zum Erfolg

Für eine Entscheidung wurde der damalige Handball-Bundestrainer Christian Prokop 2019 hart kritisiert: Er entschloss sich, einen Spieler der zweiten Liga für die Nationalmannschaft aufzustellen – und dann auch noch einen älteren (zu diesem Zeitpunkt dreiunddreißig Jahre alt). Ich gebe zu, dass auch ich mich gefragt habe, was der Bundestrainer da eigentlich vorhatte, zumal er den jungen Tim Sutton und Top-Rechtsaußen Tobias Reichmann nicht mitgenommen hat. Die Rede ist von niemand anderem als Mar-

tin Strobel. 147 Mal hat er den Bundesadler auf der Brust getragen und war 2016 beim Gewinn der olympischen Bronzemedaille der strategische Kopf der Mannschaft. Aber 2019 war das anders: Strobel spielte mit dem HBW Handball in der zweiten Liga.

Doch innerhalb kürzester Zeit hatte er sich wieder in die Herzen der Fans gespielt – sofern er jemals draußen war. Das ließ alle Kritiker verstummen. Spiel um Spiel gab er der deutschen Mannschaft Struktur, beruhigte das Spiel, wenn es vonnöten war, und zog das Spiel an sich. Ein echter LEADER. Bis zu dem Moment, der alles verändern sollte: Es war der 21. Januar 2019. Minute 8:32 beim WM-Hauptrundenspiel gegen Kroatien, der Spielstand war 3:2 für Kroatien. Plötzlich ging Martin Strobel zu Boden und blieb liegen. Ich weiß noch, dass ich im Wohnzimmer gestanden und erschrocken auf den Fernseher gestarrt habe. Strobel hielt sich das linke Knie und ich ahnte gleich, was er hatte: Das konnte nur ein Kreuzbandriss sein. Ich glaube, wenn man wie ich so etwas Ähnliches erlebt hat, dann weiß man das. Deutschland musste plötzlich ohne Strobel antreten und ganz Handball-Deutschland stellte sich die Frage: Wie können wir nur ohne Strobel im Halbfinale gewinnen? Können wir überhaupt Weltmeister werden?

Die Geschichte von Martin Strobel ließ mich auch nach dem Ausscheiden der Deutschen nicht los. Ich schrieb ihm, ob wir uns nicht mal treffen wollen. Er sagte Ja. Nach einem Vortrag in Stuttgart fuhr ich nach Rottweil, wo wir uns verabredet hatten. Aus den angepeilten neunzig Minuten Gespräch wurden am Ende vier Stunden. Wir plauderten über seine Verletzung, natürlich den Handball, Führung und Teams. Aus vier Stunden wurden dann ein nächstes Treffen, ein weiteres Telefonat und, und, und ... Mittlerweile sind es viele Treffen geworden und zwischen uns ist eine enge Zusammenarbeit entstanden.

Publikumsliebling, Integrationsfigur und Handballer mit internationalem Erfolg

Schnelligkeit, Athletik, taktisches Verständnis und Spielverständnis machen den Handball für Martin Strobel nicht nur zum Beruf, sondern auch zu einer Leidenschaft. Dabei sagt er über den Anfang der Karriere: »Ich hatte unglaublich viel Spaß am Hobby, das ich betrieben habe, und das hat sich dann natürlich irgendwann Richtung Leistungssport entwickelt.« Einen Plan gab es dabei nicht, er hatte schlichtweg eine Passion für den Sport und wollte ihn so lange wie möglich betreiben – und das auf hohem Niveau. Später als Profisportler war es natürlich ein Bonus, dass er nun mit der Leidenschaft für den Sport auch Geld verdienen konnte. Martin Strobel spielte in seiner Profilaufbahn erfolgreich in der Nationalmannschaft und der Bundesliga, zuletzt beim Bundesligisten HBW Balingen-Weilstetten, den Galliern von der Alb. 2008 wurde er zum Rookie des Jahres gewählt und gewann 2010 den EHF-Pokal, 2016 wurde er mit der Nationalmannschaft Europameister und gewann Bronze bei Olympia 2016.

Ähnlich wie bei anderen Sportlern war der Bruder zunächst Vorbild für Martin Strobels sportliche Ambitionen. Drei Jahre älter und ebenfalls im Handballsport aktiv, war Wolfgang Strobel dem jüngeren Bruder immer ein paar Schritte voraus. »Er war echt gut im Handballspiel und hat verschiedene Auswahlmannschaften erreicht und wurde gesichtet«, erzählt Martin Strobel. Martin hat dem Bruder dabei zugeschaut und dessen sportlichen Erfolg zweiter Hand miterlebt. Schnell wuchs bei ihm die Erkenntnis: »Das möchte ich auch mal haben. In ein paar Jahren will ich auch mal zu dem Turnier fahren und die deutsche Meisterschaft spielen oder was auch immer.«

Tatsächlich wurde Martin Strobel als junger Spieler kontinuierlich besser und als Teenager war die Trainingsintensität bereits deutlich höher. Es gab die ersten Sichtungslehrgänge. »Wenn du dich dann in dem Moment auch gar nicht so schlecht anstellst, dann weißt du: okay, das sind Möglichkeiten«, erzählt der Handballer. Für ihn waren das die ersten Schritte hin zu einer Leistungsorientierung und dem Profisport, und bis heute ist Martin Strobel seinen Eltern dankbar, weil sie ihn regelmäßig zum Training gefahren haben.

»Es war auch ein bisschen Glück dabei«, sagt der Spielemacher heute und liefert dafür ein prägnantes Beispiel: »Es war für mich natürlich einfach perfekt damals, dass sich zwei Vereine hier unmittelbar vor meiner Haustüre zusammengeschlossen haben, um in die Zweite Bundesliga aufzusteigen.« Und Martin Strobel wurde Teil der Mannschaft. Zwar gehörte er damals noch nicht zum fixen Kader, aber der Trainer brachte dem damals siebzehnjährigen Spieler viel Vertrauen entgegen: »Der hat dann gesagt: Komm, ich nehme den Siebzehnjährigen mit dazu, obwohl sie davor noch auf der Suche waren, jemand anderen zu verpflichten«, sagt Martin Strobel. Den normalen Schritt in die A-Liga der Jugend hat Martin Strobel damit direkt übersprungen »und das war für mich natürlich Gold wert. Ich konnte direkt im aktiven Bereich in der Zweiten Bundesliga einsteigen und auf hohem Niveau mitspielen«. Die Trainingsintensität steigerte sich entsprechend.

Gemeinsames Training mit dem Bruder

Von Anfang an investierte der junge Handballer viel Zeit in das Training: anfangs vielleicht zwei- bis dreimal die Woche, irgendwann dann täglich. Neben Handball spielte er mit den Freunden auf dem Sportplatz Fußball oder ging zum Laufen, »du hast immer irgendwo eine Sport-Komponente dabeigehabt«. Zunächst war das Handballtraining allerdings längst nicht so professionalisiert, wie das heute im Profisport der Fall ist. »Wir haben noch zu Hause gewohnt, mein Bruder und ich. Wir waren noch nicht so alt, dass wir ausziehen konnten. Und dann wollten wir doch irgendwie unsere Krafteinheiten machen«, erzählt Martin Strobel. »Damals gab es noch nicht so wirklich diese Zusammenschlüsse, wo jeder Verein irgendwo hinkommen konnte. Unsere Möglichkeiten in der Halle waren begrenzt und wir haben in unterschiedlichen Hallen trainiert.« Zu Hause war etwas Platz. »Wir haben uns über irgendwelche Umwege irgendein Kraftgerät eingestellt und sozusagen unseren eigenen Fitnessraum erschaffen.«

Es war für Martin Strobel eine besondere Erfahrung, die Karriere gemeinsam mit dem Bruder zu erleben und gemeinsam mit ihm zu trainieren und sportlich zu wachsen: »Wir haben uns irgendwo unseren Traum zusammen erfüllt«, sagt der Sportler. »Das war schon ein sehr, sehr großes Erlebnis für unsere ganze Familie. Wir sind damals 2006 gemeinsam in der Bundesliga aufgestiegen und haben dann drei Jahre zusammengespielt. Das verbindet natürlich.« Martin und Wolfgang Strobel hatten beim Handballsport sehr unterschiedliche Voraussetzungen. Wolfgang Strobel war schon sehr früh groß und kräftig, das größere Talent aber hatte Martin. »Und trotzdem hat er sich dann doch auch durchgebissen und knapp zehn Jahre auf höchster Bundesligaebene gespielt«, erzählt Martin Strobel über seinen Bruder.

Die beiden Brüder haben nicht nur gemeinsam trainiert, darüber hinaus haben sich Martin Strobel und sein Bruder Wolfgang mit neuen Themen auseinandergesetzt, die inzwischen für Sportler wichtiger Bestandteil des Trainings sind, damals aber noch keine weite Verbreitung fanden. Wolfgang machte beispielsweise Zivildienst in einer Landessportschule und hatte so Kontakt zu einem Ernährungsberater. »Wir sind dann recht früh auf das Thema aufgesprungen und haben uns da einfach mal Input geholt.«

Talent und Fleiß: Lerneffekt durch Wiederholung

Martin Strobel hat im Handball viele Dinge gelernt, die auch in der Zeit nach der Sportkarriere wichtig sein können. Er hat viele Kontakte geknüpft und ganz unterschiedliche Menschen kennengelernt, und das habe eine große Menschenkenntnis und Empathie mit sich gebracht, sagt er. Beides steht tatsächlich in direktem Zusammenhang mit seiner sportlichen Karriere, denn von seiner Position leitete Martin Strobel die Angriffstaktik der gesamten Mannschaft. Dabei musste er beispielsweise im Hinterkopf haben, »wie jemand tickt, wenn er vielleicht schon einmal verworfen hat«. Wie reagiert ein Spieler, wenn die gleiche Situation ein zweites oder gar drittes Mal eintritt? »Da hast du halt auch viel Menschenkenntnis gewonnen«, sagt Martin Strobel.

Martin Strobel war ein fleißiger Sportler. »Talent ist bestimmt eine Grundvoraussetzung für vieles«, sagt er, doch müsse auch die richtige Einstellung dahinterstecken. »Talent allein reicht oftmals nicht«, denn irgendwann bringt Talent alleine den Sportler nicht mehr weiter und »man muss begreifen: Jetzt muss ich noch mal mehr dafür tun«. Es gibt Studien darüber, welchen Lerneffekt die Wiederholung bestimmter Abläufe hat. Das gilt nicht nur für den Sport, sondern auch für Kunst oder Musik. Um diesen Effekt zu nutzen, bedarf es der Disziplin, des Selbstvertrauens und des Durchhaltevermögens, davon ist Martin Strobel überzeugt. Sich nur auf das Talent zu berufen, funktioniert im Spitzensport nicht.

Wer sich in etablierten Routinen ausruht, der riskiert, dass die Leistung abfällt und man plötzlich anfängt, Spiele zu verlieren. Martin Strobel bezeichnet das als eine Abwärtsspirale, die er selbst durch viel Training und Disziplin vermieden hat. »Mir wurde auch immer wieder gesagt, ›du hast ein riesiges Talent‹, und trotzdem musst du irgendwann mal einen Punkt schaffen, wo du sagst: Du bist jetzt kein ewiges Talent mehr«, sagt Martin Strobel. Für Einzelsportler ist es oft einfacher, diesen Punkt zu finden, als für Mannschaftssportler, bei denen auch die Mitspieler und andere Faktoren die Leistung und den Erfolg beeinflussen. Lässt die Leistung eines Mannschaftssportlers beispielsweise leicht nach, können das die Teamkollegen meist irgendwie auffangen. Einzelsportler hingegen können sich nicht in der Mannschaft verstecken. Deshalb müssen Mannschaftssportler besonders darauf achten, wie sich ihr Leistungsniveau entwickelt – ein oder zwei Fehler gehen im Gesamtgefüge der Mannschaft schnell unter und Probleme fallen erst auf, wenn es bereits zu spät ist.

Der ehemalige Nationalspieler ist ein bodenständiger Typ, aber er weiß, was er in seiner Karriere alles erreicht hat und dass er »auch wirklich als Vorbild fungieren kann«. Von der Erfahrung eines versierten Spielers können Nachwuchshandballer profitieren – auch um mögliche Fehler zu vermeiden. Für Martin Strobel gehört rückblickend der Umgang mit den Angeboten anderer Vereine zu diesen vermeidbaren Fehlern. »Ich würde mit Sicherheit über das eine oder andere Angebot anders nachdenken und ich würde bestimmt, was das Profileben angeht, noch detaillierter, noch gezielter arbeiten«, sagt Martin Strobel rückblickend. Das betrifft zum Beispiel die Ernährung, das Fitnesstraining oder die Physiotherapie und andere Therapieformen, »also gerade diese mentalen, inneren Phasen zu nutzen, um den Körper herunterzufahren«, sagt er.

Der Profihandballer hat durch den Sport mentale Stärke gelernt. Heute reflektiert er Dinge sehr viel stärker und bearbeitet sie mental nach, um zu schauen, »was war gut und was war schlecht und können wir jetzt im Hinblick auf die nächste Woche irgendwo auch was ändern?«. Darunter fällt zum Beispiel die Frage: »In welchen Bereichen muss ich mich besser motivieren?« Martin Strobel hat in den vergangenen Jahren dafür unter anderem Meditation ausprobiert. Auch nach gerade einmal fünf Minuten Meditation komme der Körper in einen richtigen Ruhezustand, bei dem sich alle anderen Themen ausblenden lassen, sagt er.

Top-Performer und Top-Leader: Beide sind wichtig für das Team

Martin Strobel war bis zum Karriereende ein Top-Performer. Das zeigte er zum Beispiel bei der Nationalmannschaft, wo er trotz des für einen Sportler bereits vorangeschrittenen Alters wie ein Phönix aus der Asche aufstieg. »Ich glaube, da muss man auf einer offenen Ebene miteinander zusammenarbeiten und umgehen«, sagt Martin Strobel über das Zusammenspiel von Trainer, Top-Performern und

Rest-Mannschaft. Nur weil jemand sich die Position einmal verdient hat, muss diese nicht automatisch immer aufrechterhalten werden. »Das ist bei mir immer so ein Credo gewesen. Ich hatte schon immer eine relativ gute Stellung in vielen Mannschaften, aber ich habe mir das auch immer wieder neu erarbeitet, also habe ich auch mit Trainern gesprochen, was ich verändern muss und was ich nicht verändern muss«, erzählt Martin Strobel. »Leistung spiegelt sich einfach darin wider, wie andere miteinander umgehen.« Top-Performer sind einerseits nur ein Teil der Gesamtmannschaft, andererseits sollten Trainer und Vereine sich aber auch darüber im Klaren sein, »der hat halt in manchen Bereichen schon extrem viel geleistet, von dem können wir alle nur profitieren – sei es von seiner Erfahrung, aber natürlich auch der Leistung«. Ein erfahrenen Top-Performer ist aber kein Allheilmittel, sagt Martin Strobel und verweist auf die eigenen Schwächen: »Es gibt einfach Bereiche, in denen ich mich nicht auskenne, wo ein sportwissenschaftlicher Trainer vielleicht viel tieferen Einblick hat oder der Verein weiß, was machbar ist oder was eben nicht machbar ist. Und da kann man nur sagen: Konzentrier dich auf deine Stärken, auf deinen Bereich, aber tausche dich auch mit anderen aus, um die Sache zu verstehen.«

Neben Top-Performern sind auch Trainer Leadership-Vorbilder. Eine Mannschaft besteht aus Individuen mit Schwächen und Stärken und ein guter Trainer weiß, wie er diese zusammenbringt und zu einem Team formt. Martin Strobel macht dabei klare Kriterien für einen Toptrainer aus: »Ein Toptrainer zeichnet sich dadurch aus, dass er sich in dem Wasser gut auskennt, also das taktische Spielverständnis hat. Und er sollte in meinen Augen auf dem Niveau mal gespielt haben.« Das heißt nicht, dass ein Trainer selbst zehn Jahre in der Bundesliga gespielt haben muss, aber er sollte eine gewisse Erfahrung in der Sportart mitbringen, um die Voraussetzungen wie Schnelligkeit und Körperlichkeit richtig einschätzen zu können. Das schafft das notwendige Verständnis dafür, was im Spiel eigentlich möglich ist – und was nicht. »Aber ein noch größerer Block ist für mich die Menschenkenntnis und der Umgang mit den Menschen«, sagt Martin Strobel. »Wie kommuniziere ich mit den Leuten, um sie zusammenzukriegen und in eine Richtung zu schieben?«

Ob im Sport oder in Unternehmen: Die Fähigkeit zu guter Kommunikation ist entscheidend und macht eine gute Führungsfigur aus. Tatsächlich ist die Kommunikation in Unternehmen beispielsweise oftmals nicht optimal, dann kommen Nachfragen »und man regt sich auf, warum das nicht richtig erklärt worden ist«, sagt Martin Strobel, der heute Unternehmen zur Teambildung berät. Kommunikation betrifft auch die Stimmung im Unternehmen und einzelner Mitarbeiter. Warum ist zum Beispiel jemand gerade schlecht drauf? Durch Nichtkommunizieren gehe viel Arbeitszeit und Produktivität verloren. Wenn Führungskräfte hingegen nur achtzig Sekunden am Tag in einen Mitarbeiter investierten, dann schaffe das nicht nur eine effizientere Arbeitssituation, sondern könne auch motivieren: Der Mitarbeiter fühlt sich gesehen. Da können sich Führungskräfte ein Beispiel an Trainern und Spielmachern nehmen.

Ein anderes Kommunikationsbeispiel aus dem Handball: Kommunikation ist hier nicht immer verbal, oft ist es ein kleiner Fingerzeig, der dem Mitspieler andeutet, was der nächste Spielzug ist. Gute Vorbereitung, Standards und Routinen sind die Kernzutaten, damit ein Spiel so effektiv funktionieren kann. »Bei uns ist die nonverbale Kommunikation ein Muss, weil die Hallen sehr laut sind«, erzählt Martin Strobel. Im Unternehmen ist das etwas anders und Absprachen laufen mündlich oder schriftlich. Was Unternehmen aber mitnehmen können, ist die Vorbereitung: Damit die Reaktionen im Handball so gut und schnell funktionieren, müssen sich die Spieler vorher genau abstimmen, indem »man sich im Vorfeld eben bereits klarmacht: Was ist die Hauptbotschaft und wie soll die nachher ankommen? Vielleicht muss man sich auch damit beschäftigen und fragen: Wie braucht der das?« Denn jeder Spieler – und jeder Mitarbeiter – braucht eine individuelle Ansprache. Um beim Sport als Beispiel zu bleiben: Der eine Handballer braucht nur einen Fingerzeig und einem anderen muss man den nächsten Spielzug vorab auf der Bank erklären. Genau darauf müssen sich gute Leader vorbereiten – und nicht einfach nur aus der Intuition heraus handeln.

Motivation nach und trotz der Niederlage

Gerade in den jungen Jahren ist Martin Strobels Karriere eher gradlinig verlaufen – und das heißt nach oben. Doch auch er musste irgendwann lernen, mit Niederlagen und Karriererückschlägen umzugehen. Besonders schwer war das 2019, als er als Spieler aus der zweiten Liga in die Nationalmannschaft berufen wurde und sich dann beim WM-Turnier schwer verletzte. Kreuzbandriss! »Das ist natürlich schon eine brutale Phase gewesen, wie ich sie so nie erlebt hatte«, sagt Martin Strobel. Richtig bewusst geworden ist ihm die Situation, als er alleine im MRT lag. »Dann gehen dir Gedanken durch den Kopf: Wie geht es weiter?« Zurück im Hotel gab er seinen Kollegen eine Zielrichtung mit auf den Weg, denn auch wenn er selbst nicht mehr spielen konnte, ging das Turnier schließlich für die anderen Jungs der Mannschaft weiter.

Wie aber findet man – gerade nach so einem einschneidenden Erlebnis – seine Motivation wieder? Grundsätzlich sagt Martin Strobel: »Ich motiviere mich nach dem Aufstehen, den Tag erfolgreich zu gestalten, also da bin ich in meinem Naturell.« Diese Motivation trägt ihn im Privatleben mit der Familie ebenso wie beim Sporttraining. »Dann brauche ich nicht noch einmal extra eine Motivationsmusik.« Die Selbstansprache muss einfach stimmen. Der Handballer spricht zudem über Rituale und Routinen. Die können einen positiven Effekt haben – oder genau das Gegenteil erreichen: »Die haben für mich oftmals so einen negativen Touch im Sinne von: Wenn ich das nicht mache, dann bin ich mental weg. Es gibt einfach auch Sportler oder Spieler, die dann wirklich in einen Stresszustand verfallen, wenn sie merken: Okay, heute bin ich mit dem linken Fuß zuerst auf das Spielfeld anstatt mit dem rechten.« Gute und positive Routinen hingegen bedeuten für Martin Strobel, den ganzen Körper in einen Gefühlszustand zu bringen, in dem er leistungsfähig ist. Das kann beispielsweise ein entsprechendes Aufwärmprogramm sein – solange man nicht in Stress verfällt, sobald man mal eine Übung vergessen oder ausgelassen hat.

Vom Spielmacher zum Teammacher

Irgendwann ist selbst für den erfolgreichsten Handballer das Karriereende erreicht: Es zerrt an den Kräften und es fällt schwer, jedes Spiel sechzig Minuten durchzuspielen, mal vorne, mal hinten. Und dann kommen junge Spieler, die bereit sind, die Lücke zu füllen, sich zu präsentieren und den Kampf anzunehmen. Nach der Verletzung bei der WM 2019 musste Martin Strobel auch die Teilnahme an der EM 2020 verletzungsbedingt absagen. Dann kam Corona und ein unerwartet unspektakuläres Karriereende: Martin Strobel hatte zwar sein Ende als Profisportler bereits für das Ende der Saison 2019/20 angekündigt, doch war Olympia 2020 in seinem Kopf eigentlich als letzter Höhepunkt eingeplant, auch wenn noch nicht klar war, ob er sich überhaupt für die Nationalmannschaft qualifizieren würde. Mit dem Verschieben der Olympischen Spiele scheiterte dieser Plan.

Doch Martin Strobel hatte schnell Pläne zur Hand, wie es beruflich weitergehen soll: Die Erfahrungen aus dem Leistungssport will er an andere weitergeben, kombiniert mit einer Qualifikation durch ein Management-Studium. Sein Hauptfokus liegt dabei darauf, starke Teamplayer zu schaffen – so wie er es schon im Sport gemacht hat. Martin Strobel will so Teams in Unternehmen zu einer höheren Leistungsstärke heranführen. Viele derzeitige Entwicklungen, wie der Trend zum Homeoffice, stellen da natürlich eine ganz neue Herausforderung dar, sagt er. »Ich denke, dass es wichtig ist, dass weiterhin eine gute Kommunikation stattfindet. Und ich glaube viele Unternehmen sehen jetzt auf einmal Möglichkeiten, die sie vorher vielleicht gar nicht so bewusst wahrgenommen haben. Trotzdem ist es wichtig, die Distanz nicht zu distanziert werden zu lassen.«

Grundsätzlich könnten Unternehmen viel vom Leistungssport lernen, sagt der ehemalige Profihandballer und verweist dabei auf einen entscheidenden Aspekt: das Durchhaltevermögen, auch wenn es im ersten Moment vielleicht nicht so klappt, wie geplant. »Natürlich kann man sich umorientieren, aber um erfolgreich zu sein, musst du dich trotzdem irgendwie durchbeißen«, sagt Martin Strobel. Das heißt im Zweifel auch einmal die eigene Komfortzone zu verlassen.

Da die Leistung eines Sportlers im Mittelpunkt steht und nicht seine Herkunft, fällt es im Profisport oft leichter, verschiedene Kulturen zu integrieren. »Wenn es das gesamte Team besser macht, dann ist es auch egal, welche Hintergründe dahinterstecken«, sagt Martin Strobel. Offenheit, ein gemeinsames Ziel und eine Vision spielen dabei eine Rolle. Im Sport gibt es darüber hinaus einen Vertrauensvorschuss, »weil der Verein sich was dabei denkt, den neuen Spieler zu holen«. So ist jemand direkt auf der gleichen Augenhöhe, »weil der genau das Gleiche tut, was ich tue, und wenn ich ihm den Ball passe, dann weiß er, was er zu tun hat«. Vielleicht hat man den neuen Spieler zuvor sogar schon einmal auf dem Feld gesehen und vielleicht bringt jemand eine sportliche Fähigkeit mit, die bislang fehlte, oder die menschliche Komponente spielte eine große Rolle. Da vertrauen Sportler der Auswahlentscheidung des Vereins.

Die Fehlerkultur ist ein weiterer wichtiger Aspekt: In keiner Mannschaftssportart gibt es ein perfektes, fehlerfreies Spiel. »Es gibt das in anderen Bereichen: die perfekte Abschlussquote oder eine runde Zahl«, sagt Martin Strobel, nicht aber beim Kampf um Tore und Gegentore. Wenn man einer anderen Mannschaft gegenüberstehe, sei die Wahrscheinlichkeit sehr hoch, dass Fehler passieren, denn wenn sechzehn unterschiedliche Menschen zusammenkommen, dann hat jeder seinen eigenen Charakter und die eigenen Probleme, mit denen er sich beschäftigt. »Es ist eigentlich nur menschlich, wenn da mal etwas schiefläuft. Trotzdem glaube ich, dass es einfach jedem bewusst ist, dass Fehler passieren«, sagt Martin Strobel. Allerdings gibt es im Handball auch die Möglichkeit, Fehler wiedergutzumachen. »Wenn du eine schlechte erste Halbzeit gespielt hast, kannst du eine bessere zweite Halbzeit spielen und so weiter.« Dieses

Bewusstsein und die Erkenntnis, dass Fehler passieren, ist auch für Unternehmen wichtig.

Martin Strobel macht abschließend klare Kriterien aus, die aus Mitarbeitern ein echtes Team machen: ein klares Zielbild, mit dem sich alle identifizieren können; die damit verbundene Leidenschaft; ein gemeinsames Werteverständnis; das erfolgreiche Steuern der Mitarbeiter und als letzter Punkt, dass Mitarbeiter und Führungsfiguren sich immer wieder selbst herausfordern und mutig sind, um neue Wege zu durchdenken. »Dabei können auch Fehler passieren«, sagt Martin Strobel, aber aus diesen Fehlern lassen sich neue Wege kreieren, die Tiefpunkte in Höhepunkte verwandeln. Ganz wie beim Handball.

Diese Hauptkriterien für Teambildung und Teamerfolg lassen sich lernen – zum Beispiel unter Martin Strobels Anleitung. »Achtzig Sekunden für Teamerfolg« heißt seine Devise. Er hat sich viele Gedanken darüber gemacht, was sich aus dem Sport auf andere Bereiche übertragen lässt. »Das ist natürlich immer sehr einfach, da die Analogien zu schlagen, was funktioniert und was nicht funktioniert, zu einem bei Sportteams, aber auch in der Wirtschaft oder im Business-Leben«, sagt Martin Strobel. »Und ich bin da noch mal ein bisschen tiefer reingegangen, habe meine Position als Spielmacher noch einmal mehr durchleuchtet und habe gemerkt, dass es prinzipiell in jedem Angriff darum ging, eine sehr hohe Erfolgswahrscheinlichkeit an den Tag zu legen. Und diese achtzig Sekunden, das ist die durchschnittliche Angriffszeit.« Das heißt, Spieler haben in der deutschen Handball-Bundesliga im Schnitt gerade einmal achtzig Sekunden, um erfolgreich zu sein und den Angriff in ein Tor zu verwandeln.

Martin Strobels Aufgabe war es hier, den Angriff anzuleiten und zu steuern, sodass das Team eine hohe Erfolgswahrscheinlichkeit hat.

Ein Handballspiel dauert in der Regel sechzig Minuten, ein Arbeitstag aber acht Stunden. Dennoch passt auch hier die Achtzig-Sekunden-Regel, sagt Martin Strobel, weil es komprimiert darauf ankomme, dass alles funktioniert und alles klar kommuniziert ist. Im Geschäftsleben gebe es für alles ein Meeting, »aber oftmals passiert es auch, dass man Sachen mal kurz zwischen Tür und Angel bespricht oder am Schreibtisch eine Nachfrage kommt«. Der Dialog dauert dann gewöhnlich nicht lange und Entscheidungen fallen sehr schnell. »Und in dem Dialog muss es dann auch passen, untereinander oder auch in Kleingruppen, in Eins-zu-Eins-Gesprächen.« Hier liegt die Gemeinsamkeit mit dem Teamgeist im Handball. Darüber hinaus käme es sicherlich vielen gelegen, wenn in Zukunft auch Meetings kürzer und effektiver sein würden. Achtzig Sekunden für ein Meeting ist vielleicht übertrieben, aber es wäre ein effektiver Weg, beispielsweise Stimmungen abzufragen. In achtzig Sekunden, da muss man schnell auf den Punkt kommen. Das ist Martin Strobels Botschaft an Unternehmen.

2.3 Felix Danner: Motivation findet sich nur in einem selbst

Unter allen Sportlern, die ich kenne, ist die Karriere von Felix Danner diejenige, die ich wohl am intensivsten begleite. Felix ist der Schwiegersohn einer meiner besten Partner und Freunde. Ich weiß noch, dass meine Frau Tanja und ich zum Bundesligaspiel der MT Melsungen gegen den THW Kiel eingeladen waren. Gegen Mittag haben wir uns bei Felix und seiner Frau Anja zu Kaffee und Kuchen getroffen und schon einmal die Taktik gegen die Zebras aus Kiel besprochen. Ich gebe zu, dass Felix sich da glaub ich mehr und mehr die Frage gestellt hat: Was will der Kerl eigentlich?

Bevor wir zusammen zum Spiel gefahren sind, kam Felix dann auf die glorreiche Idee, ob wir nicht vielleicht ein Trikot von ihm tragen wollten. Meine Frau und ich nickten beide, wobei ich mir gleich die Frage stellte, ob ich da überhaupt reinpasse. Er holte einen Karton und zog das erste Trikot heraus – oder besser gesagt einen Klumpen Trikots, die aussahen, als würden sie eine derart enge Symbiose bilden, dass man sie gar nicht voneinander trennen dürfe. Das erste Trikot konnte niemand von uns anziehen, da es lauter Löcher hatte. Aber ich rede nicht von kleinen Löchern, wie Motten sie hinterlassen. Es waren eher Löcher, die auf einen Kampf zurückzuführen sind – wie die Kämpfe von Russell Crowe in »Gladiator«. Innerlich stellte ich mir direkt die Frage, ob Felix diese Kämpfe wohl gewonnen oder verloren hatte – und wenn er gewonnen hatte, wie dann das Trikot des Verlierers aussah. Das zweite Trikot war ein Klumpen wie Harz: nur schwer auseinanderzuziehen und wenn man ein Stück rausziehen konnte, dann war es so steif und hart wie nach einem Unfall mit einem Ei-

mer Wäschestärke. Unmöglich anzuziehen! So ging es dauerhaft im Wechsel und Felix musste sich eingestehen, dass es wohl besser sei, wenn wir keines seiner Trikots anziehen. Heute hängt aber eines der Originaltrikots in meinem Büro.

Die Geschwister waren beim Handball Vorbild

Handballer Felix Danner begann seine Sportkarriere im zarten Alter von vier Jahren beim SV Kappel. »Ich habe drei ältere Geschwister, zwei Brüder und eine Schwester, und die haben alle Handball gespielt«, erzählt er. »Ich bin der Jüngste und war als junger Kerl dann immer mit in der Halle, wenn sie am Wochenende ihre Spiele hatten.« In der Halbzeitpause und nach dem Spiel warf der enthusiastische Zwei- und dann Dreijährige den Ball auf das Tor. »Meine Mutter hat mich dann ins Handballtraining gesteckt und ich habe losgelegt mit dem Handballspiel.« Felix Danner spielte ein wenig mit seinem zwei Jahre älteren Bruder und schaute sich Dinge bei der elf Jahre älteren Schwester und dem vierzehn Jahre älteren Bruder ab, die beide bereits im Jugendbereich spielten.

Laut Felix Danner sollte tatsächlich jeder einmal den Handballsport ausprobieren, einfach weil es so ein schneller Sport ist, bei dem jede Sekunde zählt. »Man muss eigentlich alles mitbringen: Schnellkraft, Kraft, Agilität – muss man alles auf einen Nenner bringen, um erfolgreich sein«, sagt Felix Danner. Für ihn blieb es aber zunächst nicht beim Handball alleine: Ob Basketball, Radfahren, Fußball oder Inlineskating, »alles, was sportlich irgendwie damals angesagt war, haben wir ausprobiert«. Irgendwann hat die Mutter angesichts der vielen verschiedenen Sportarten gesagt, dass sich die Kinder für zwei Sportarten entscheiden müssten. Handball stand da für Felix Danner an erster Stelle. Der ältere Bruder war zu dem Zeitpunkt bereits relativ erfolgreich und war von Freiburg nach Teningen gewechselt, wo die Herrenmannschaft in der dritten Liga spielte und der Nachwuchs entsprechend gefördert wurde. »Ich bin ein Jahr später hinterhergewechselt«, erzählt Felix Danner. Damals war er vierzehn Jahre alt. Das Leistungsniveau war hier entsprechend höher. Für den SG Köndringen/Teningen erzielte Felix Danner in der Regionalliga Süd 444 Tore in einhundertzehn Spielen. Dann folgte ein Angebot aus der Zweiten Bundesliga und 2007 wechselte Felix Danner zum Zweitligisten HR Ortenau. Damals dachte der Handballer noch, dass das der Höhepunkt der Sportkarriere sein würde: Die zweite Liga. Felix Danner hat schlichtweg nie damit gerechnet, dass er einmal Profisportler werden könnte. »Für mich war klar, ich mache den Sport, weil er mir Spaß macht«, erzählt er, obwohl er mit dem Sport natürlich auch gerne Geld verdient hat. Deshalb machte er auch zunächst eine Ausbildung als Sanitärinstallateur. Ursprünglich war der Plan, nach der Ausbildung als Geselle zu arbeiten, doch es kam anders: Es folgte ein Angebot aus der Ersten Bundesliga. Danner entschloss sich, eine Profikarriere auszuprobieren, schließlich hatte er dabei kaum etwas zu verlieren. Als sein Zweitligaverein 2009 Insolvenz anmelden musste, unterschrieb Danner also einen Vertrag beim Erstligisten MT Melsungen und erzielte bereits im ersten Einsatz sein erstes Bundesligator. Plötzlich war er Vollprofi und es blieb auch nicht bei den ursprünglich eingeplanten zwei Jahren: Der MT Melsungen blieb Felix Danner mehr als zehn Jahre treu. Erst zur Saison 2021/22 wechselte er schließlich zur HSG Wetzlar.

Es war tatsächlich keine leichte Entscheidung, den Profivertrag zu unterschreiben. Felix Danner ist da manchmal eher zurückhaltend und skeptisch und der Wechsel zur MT Melsungen war verbunden mit einer größeren Distanz zum eigenen Wohnumfeld. Plötzlich waren es keine fünfzig Kilometer mehr, sondern vierhundertzwanzig Kilometer. »Das macht man nicht einfach mal so – zumindest ich nicht«, sagt er. Trotzdem wagte er sich schließlich in das Haifischbecken des Profisports. Der Grund dafür war letztendlich die Freude am Sport. »Es hat mir immer Spaß gemacht und ich wollte mit der Mannschaft Spiele gewinnen«, sagt Felix Danner. »Es war meine Motivation, immer besser zu werden und mich immer weiterzuentwickeln – menschlich und sportlich gesehen.« Und um besser zu werden, war der Wechsel in die erste Liga der nächste logische Schritt, »auch um einfach meine Grenzen kennenzulernen. Ich glaube, ich wollte es einfach ausprobieren. Ich wollte wissen: Kann ich das oder kann ich das nicht?«.

Schon beim Training und anhand der Trainingsintensität wurde ihm klar, dass die erste Liga anders ist, als Felix Danner es aus der zweiten Liga gewohnt war. Aber der Handballer merkte auch, dass er tatsächlich mit den anderen, erfahrenen Spielern mithalten konnte. Dann folgten die ersten Einsatzzeiten. »So doof habe ich mich da auch nicht angestellt«, sagt der Kreisläufer. »Von daher habe ich gemerkt, das kann funktionieren. Ich kann mir vorstellen, da weiterzuspielen.«

Für Felix Danner blieb es nicht alleine bei der Bundesliga: 2012 wurde der fast zwei Meter große Handballer zudem Teamspieler der Nationalmannschaft, zunächst in der B-Mannschaft, dann in der A-Mannschaft. Aber nicht immer erreichte er alles, was er sich erhofft hatte. Zum Sportlerleben gehört es auch, mit Enttäuschungen umzugehen. Im Dezember 2013 wurde er zwar in das erweiterte B-Kader für die Weltmeisterschaft berufen, dann jedoch nicht in das Aufgebot für die WM-Vorbereitung aufgenommen. »Ich habe eine gute Saison gespielt und insgeheim habe ich natürlich damit gerechnet«, erzählt der Handballer. »Und dann wurde ich für die B-Nationalmannschaft eingeladen, die in dem das Jahr zum ersten Mal wieder zusammengerufen worden ist. Davor gab es die nicht, die hatten sie gestrichen.« Eine Weltmeisterschaft ist für jeden Sportler natürlich ein großes Ziel und die deutsche Mannschaft zählt immerhin zu den erfolgreichsten Handballmannschaften der Welt. »Ich habe damit gerechnet, dass ich da auch mitmachen kann, und dann heißt es auf einmal: Nee, du bist nicht dabei. Das ist dann wie ein Schlag ins Gesicht«, sagt er. Am Ende kehrte der Handballer dem Nationalteam den Rücken: Im Oktober 2014 verkündete Danner, dass er aus privaten Gründen zunächst aus der Nationalmannschaft zurücktrete.

Erfolgreiche Karriere – und das ganz ungeplant

»Ich glaube, die Karriere ist sogar besser verlaufen, als ich gedacht habe«, sagt Felix heute. Als Junge hat er immer davon geträumt, in der Nationalmannschaft und der ersten Liga zu spielen, und hat natürlich die entsprechenden Spiele geguckt. »Das war nicht so greifbar, das war ein Traum.« Dass er selbst einmal in der ersten Liga spielen würde, das bezeichnet der Kreisläufer als einen Zufall und weniger als ein angestrebtes Ziel. Er hat schlichtweg gespielt, weil es ihm Spaß machte und weil seine Freunde gespielt haben. Der Rest folgte dann Step-by-Step, wie er heute sagt. Das gilt nicht nur für die Zeit in der Ersten Bundesliga, sondern auch für die Nationalmannschaft. »Damit habe ich nie gerechnet und hätte mir als junger Spieler auch nicht vorstellen können, dass ich es mal schaffen könnte«, sagt Felix Danner. Viel Training und das Streben, sich kontinuierlich zu verbessern, waren nicht die einzigen Faktoren für den Erfolg. Er hatte auch das »Glück« guter Mitspieler, die ihn auf seiner Position gut bedienten und die ihm erlaubten, sich weiterzuentwickeln. »Und wenn das dann auch jemand anerkennt, das war schon geil und deswegen sage ich, dass das eigentlich besser verlaufen ist, als ich gedacht habe.«

Danner ist stolz auf das, was er bisher geleistet hat, aber ein auch nach zwölf Jahren Bundesliga noch fehlender Titel wäre »das absolute Sahnehäubchen« für ihn. »Wenn es kein Titel wird, dann wird es kein Titel. Aber ich glaube, ich kann zufrieden sein mit dem, was ich erreicht habe«, sagt Felix Danner. »Ich kann mich im Spiegel anschauen und sagen: Ich habe versucht, alles zu geben.« Es können schließlich viele Sachen dazu beitragen, dass eine Mannschaft einen Titel gewinnt – oder eben nicht. Gerade als einzelner Spieler kann man nur zu einem gewissen Maße zum Gewinn beitragen. »Man muss ja auch irgendwo zur richtigen Zeit am richtigen Ort sein«, erklärt der ehemalige Nationalspieler. Vielleicht klappt es bis ins Halbfinale – und dann geht es nicht weiter, weil die Tagesform nicht stimmt oder die Mannschaft es nicht schafft, im richtigen Moment zuzuschlagen.

Am Sport persönlich gewachsen

Menschen brauchen Vorbilder und Felix Danner hat dafür schon als Jugendlicher auf andere Sportler geschaut: Eines der ersten Vorbilder war Michael Jordan – schon wegen seiner Größe. Heute findet Felix Danner es erstaunlich, wenn plötzlich Fans vor ihm stehen und sagen: »Du bist mein Vorbild.« Sport hat für Felix Danners persönliche Entwicklung als Jugendlicher und später als Erwachsener eine große Rolle gespielt. »Ich bin menschlich am Sport gewachsen«, sagt er. Durch den Mannschaftssport hat er zum Beispiel den sozialen Umgang mit Teamkollegen gelernt.

Der Profisport ist auch gleichzeitig ein Ort, an dem verschiedene Kulturen zusammenkommen, doch muss man trotz unterschiedlicher Herkunft als Einheit zusammenfinden. »Man muss nur wissen, wie man miteinander umgehen kann oder umgehen muss. Ich komme jetzt mit jedem Spieler klar und deswegen denke ich, dass ich da bei der Sozialkompetenz weiter bin als manch anderer«, sagt der zweifache Familienvater – insbesondere, wenn man das mit Nichtsportlern vergleicht, die sich nie mit einer derartigen Situation auseinandersetzen mussten. Die kulturelle Integration klappt nicht überall so gut wie im Sport. Tatsächlich gibt es einen Unterschied zwischen dem Mannschaftssport und dem normalen Leben: »Ich glaube, als Mannschaft hat man ein Ziel vor Augen und dieses Ziel verfolgt man natürlich mit allem, was man hat«, sagt Felix Danner. »Da muss man auch mal zurückstecken können. Wenn du das nicht akzeptierst und immer nur im Streit weggehst, dann wirst du im Mannschaftssport nicht erfolgreich sein.« Verschiedene Meinungen und Kulturen müssten zusammenkommen und sich bündeln, um Erfolg zu haben. Dieser gemeinsame Nenner und das gemeinsame Ziel fehlten oft in der Politik, sagt der Handballer.

Doch zurück zu Felix Danners persönlicher Entwicklung. Für ihn sind Talent und Fleiß gleichermaßen wichtig für eine sportliche Karriere. »Ich war sicherlich ein Talent«, sagt Felix Danner. Gerade in der Jugendmannschaft stand der Spaß für ihn im Vordergrund, »alles andere hat mich nicht interessiert«. Später, mit dem Wechsel in den Profisport, stieß er aber an seine Grenzen und ihm wurde klar, »ich muss jetzt ein bisschen mehr machen«. Das Talent alleine reichte nicht mehr aus: »Dann muss man fleißig arbeiten, damit man das dann auch im Seniorenbereich schafft«, führt der Kreisläufer aus. Hier scheitern viele junge Talente, wenn sie es vorher immer ohne große Mühe geschafft und sie immer wieder gehört haben, wie gut sie sind. »Zunehmend denkst du dir dann natürlich auch: Geil, brauch ich auch nicht mehr so viel zu machen. Aber im Seniorenbereich kommst du körperlich an deine Grenzen.« Felix Danner wollte so weit kommen, wie irgendwie möglich, »und das habe ich mit meinem Fleiß und meiner Arbeit dann auch getan«.

Ziele: Warum nicht Deutscher Meister werden?

Wenn man auf andere Sportarten schaut, insbesondere den Fußball, dann sieht man oft, wie klar dort Ideen und Ziele vonseiten des Vereins kommuniziert werden: Man wolle nicht absteigen oder strebe einen vorderen Tabellenplatz an, heißt es da. »Die einzige Mannschaft, die sagt, sie wolle Deutscher Meister werden, ist Bayern München«, sagt Danner. »Ich denke, in der Bundesliga gibt es vielleicht zwei Mannschaften, die wollen Deutscher Meister werden, dann gibt es sechs Mannschaften, die sagen, wir wollen international spielen, und dann gibt es natürlich zwei Mannschaften, die sagen, wir spielen um Platz 18.« Oder eben den Abstieg. »Mir persönlich fällt es immer schwer zu glauben, dass man etwas tut und sagt: Ich möchte nur nicht absteigen! Und ich frage mich: Warum macht man das?« Für Felix Danner ist klar: Man will in seiner Sportart Deutscher Meister und der Beste werden. »Warum findet diese Kommunikation nicht statt? Vielleicht ist es immer einfacher, ein Ziel auszugeben, was sehr wahrscheinlich erreicht wird, als ein Ziel auszugeben, was sehr unwahrscheinlich erreicht wird.« Schließlich hängt die Erreichung eines Ziels von vielen verschiedenen Faktoren ab, der Zusammenstellung des Teams zum Beispiel und davon, wie stark der Verein ist. Kann sich das Team gerade mit anderen Mitbewerbern messen und mithalten? Gibt es einen guten Spielplan? »Das sind alles so Faktoren, die du auch beeinflussen kannst«, sagt Felix Danner. Ein Verein kann beispielsweise die besten Spieler einkaufen, aber dann muss der Trainer immer noch dafür sorgen, dass alle auch zusammenpassen. Irgendwann muss man sich dann mit seinen Zielen einordnen – und manche sagen dann lieber, sie wollten international spielen, weil es zu vermessen wäre zu sagen, man wolle Deutscher Meister werden. »Wieso nicht?«, sagt Felix Danner. Natürlich müsse man realistisch bleiben, ergänzt er, aber es gab schließlich auch Aufsteiger, die direkt Meister geworden sind.

Sind hochgesteckte Ziele also ein Ansporn, oder können sie demotivieren, weil sie unerreichbar scheinen oder sind? »Also mit Sicherheit ist das ein Motivator«, sagt der Abwehrstratege. Auf der anderen Seite steigt mit der Erwartung – und dem Erfolg – der mentale Druck. »Ich glaube, diesen Druck zu bewältigen oder zu überstehen, das ist gar nicht so einfach und das muss man auch erst mal können«, sagt Felix Danner. Er unterscheidet daher bei der Zielsetzung zwischen interner und externer Kommunikation. Man könne zum Beispiel auf einer Pressekonferenz kommunizieren, das Hauptziel sei es, auf internationaler Ebene zu spielen, »aber intern ist die Parole Deutscher Meister«. »Intern würde ich es besprechen, so wie man es haben möchte, so wie es ideal verlaufen könnte, und extern würde ich natürlich einen Puffer einbauen«, empfiehlt der Handballprofi. So vermeidet man einen zu starken Druck von außen und eine Enttäuschung bei den Fans, sollte es doch nicht klappen.

Motivation in sich selbst finden

Selbstmotivation ist auch im Mannschaftssport wichtig. »Wer sich nicht selber motivieren kann ... ja, das ist dann schwach«, sagt Felix Danner über den Sport. Aber er sagt auch: »Ich denke, jeder von uns kann sich sehr gut motivieren.« Das funktioniert am besten, wenn Menschen Dinge tun, die sie lieben – wie Felix Danner den Handball. »Meine Motivation ist relativ einfach, weil ich den Sport liebe.« Anders ist das, wenn man jeden Tag um sieben Uhr aufstehen muss, um einen Job zu machen, den man eigentlich nicht ausstehen kann. Montag und Dienstag ist vielleicht noch okay, Mittwoch ist schon anstrengender und Donnerstag und Freitag hat man schon keine Lust mehr. »Auf den Beruf bezogen ist das natürlich tödlich. Deshalb muss man etwas finden, das einem Spaß macht und das einen motiviert«, sagt

Felix Danner. Wer auf der Arbeit unglücklich ist, ist auch abends zu Hause »unglücklich, sauer und frustriert, weil ich nicht das machen kann, was ich machen möchte«. Egal wie sehr man den Sport oder auch den Job liebt, natürlich gibt es immer wieder Phasen, in denen man es nicht gerne macht oder frustriert ist, »weil ich mal wieder keinen Erfolg hatte oder das privat irgendwie doof läuft. [...] Natürlich ist es nicht immer alles Friede, Freude, Sonnenschein.« Aber egal ob Verletzung, Trainerwechsel oder Fehler im Spiel, »ich muss ja trotzdem damit umgehen und das Beste daraus ziehen«. Sein Motto ist: »Come back stronger! Ich komme stärker, schneller und besser wieder.« Im Spiel vor Zuschauern sei es in der Tat einfacher, die entsprechende Motivation zu finden – gerade beim Heimspiel vor Tausenden Fans. Die Fans sind ein wichtiger Grund, warum Felix Danner mit seiner Karriere so zufrieden ist: »Es ist einfach so cool, wenn dir die Leute zuschauen, wie du deinen Sport machst oder dein Hobby ausübst.«

Wirtschaft und Sport: Setzen sich flache Strukturen durch?

Im Mannschaftssport und in der Wirtschaft hängt viel von Leistungsträgern ab und manchmal ist das Zusammenspiel zwischen Top-Performern und weniger leistungsstarken Spielern nicht einfach. Man denke vielleicht an die eigene Erfahrung mit dem Mannschaftssport zurück – gerade als Anfänger. Da kann es frustrierend sein, wenn man nicht zum Zug kommt, weil ein spielstarker Spieler ständig direkt auf das Tor spielt, statt einen miteinzubeziehen. Das kann für die weniger spielstarken Spieler demotivierend sein. Felix Danner verweist hier auf die wichtige Rolle eines Trainers. Lobt der einen Top-Performer zum Beispiel auch dann, wenn er schlecht gespielt hat, dann ist das »natürlich für die anderen Spieler echt demotivierend«. Das bringt einen direkt von Topspielern zu Toptrainern und der Frage, was eigentlich eine gute Führungsfigur oder einen Leader auszeichnen sollte. »Ein Leader muss Spieler führen können und am besten jeden Spieler zufrieden sehen oder zufriedenstellen«, sagt der Abwehrspezialist. Er oder sie muss die Mannschaft zusammenkriegen, sodass jeder seine eigene Rolle im Team bestmöglich erfüllen kann. Es sei wichtig, dass in der Mannschaft ein »gutes Klima herrscht«, alle zufrieden sind und jeder seine Leistung bringt.

In diesem engen Zusammenspiel liegt auch ein Ansatzpunkt für Unternehmen, die sich den Handballsport als Vorbild nehmen wollen. »Ich denke, das ist einfach dieses Miteinander. Ich glaube, das ist ganz wichtig. Mannschaftssport ist nur erfolgreich, wenn alle Räder ineinandergreifen«, sagt der Publikumsliebling. »Wenn das nicht der Fall ist, dann bist du auch nicht erfolgreich, und ich denke, in der Wirtschaft ist das genau das Gleiche.« Wenn jedes Rädchen ineinandergreift, hat man einen stärkeren Umsatz. Mehr noch: »Das Arbeitsklima ist super.« Es funktioniere nicht, wenn man zwar das perfekte Unternehmenskonzept hat, aber die soziale Kompetenz fehlt. »Das ist das Allerwichtigste, weil es verschiedene Meinungen gibt. Es gibt verschiedene Persönlichkeiten. Es gibt verschiedene Wege, wie man etwas angehen kann«, sagt Felix Danner. Und daher braucht es Kompromisse oder einen gemeinsamen Nenner.

In der Wirtschaft spricht man heute viel von den Themen Agilität und flache Arbeitsmodelle. Auch im Sport macht sich diese Veränderung bemerkbar und die Maschine ist längst nicht mehr so »krass wie früher«. Junge Sportler haben mehr Mitspracherechte, als das zum Beispiel bei Felix Danner am Anfang der Karriere der Fall war. Auch das schlägt sich in der Mannschafts- und Unternehmenskultur nieder.

Eine andere Sache, die sich ein Wirtschaftsunternehmen vom Handball abgucken kann, ist die Fehlerkultur. Unternehmen neigten bei Fehlern dazu, erst einmal einen »Arbeitskreis« zu bilden und zu gucken: »Wer war der Schuldige?« Im Handballsport sei das anders: »Wir wissen alle, dass unser Sport das einfach hergibt, dass Fehler entstehen. Von daher ist ein Fehler für uns gesehen zwar blöd, aber er ist nichts Schlimmes.« Im Gegenteil: Wer darauf fixiert ist, Fehler auf Teufel komm raus zu vermeiden, macht es gegebenenfalls noch schlimmer. Man muss lernen, Fehler zu akzeptieren, »weiter nach vorne schauen« und auf die Fehler des Gegners achten. Das Wort Fehler sei grundsätzlich zu negativ belastet, sagt Felix Danner. »Wenn du als Kind hinfällst, stehst du wieder auf und versuchst das noch mal besser zu machen, bis du es kapierst oder du es gut kannst«, liefert Felix Danner als Vergleich. »Fehler sind erlaubt und erwünscht«, denn aus Fehlern lässt sich lernen. »Ich kann mir schlecht vorstellen, dass es irgendwen gibt, der keine Fehler macht.« Das gilt auch für Unternehmen. Und wer sich dessen bewusst ist, kann eine entsprechende Fehlerkultur im Unternehmen etablieren – ganz ähnlich wie in einer Handballmannschaft.

2.4 Think-Gold-Transfer Mannschaftssport

Zusammenhalt auch in schwierigen Situationen, Druck von außen standhalten und gemeinsame Ziele entwickeln – vom Mannschaftssport kann man sich auch im Privatleben und in der Wirtschaft einiges abgucken. Leistungssportler müssen willensstark sein, doch im Mannschaftssport geht es auch darum, den eigenen Dickkopf der Mannschaftsleistung unterzuordnen und manchmal nicht im Rampenlicht zu stehen, sondern einen Kollegen zu unterstützen. Wer also ein erfolgreiches Team im Unternehmen schaffen will, für den können die Strategien der Mannschaftssportler eine wichtige Hilfestellung sein.

Teamgeist: Wenn Individuen zusammenwachsen

Ein Team zu bilden ist immer ein Balanceakt zwischen Eigenverantwortung und Teamfindung. Die Erfahrung hat auch Julius Brink gemacht. Im Beachvolleyball ist der Spieler aufgrund der Mannschaftsgröße stärker in der Verantwortung als beim Hallenvolleyball, doch auch hier muss man die individuellen Ziele der einzelnen Spieler in einem übergeordneten Teamziel zusammenzubringen. Brink vergleicht die Zielfindung zwischen Spielern und Trainern mit einer fünfspurigen Autobahn, die grundsätzlich in eine Richtung führt: Jeder hat seine eigene Spur – also eigene Ziele und Vorstellungen –, aber alle gehen in eine gemeinsame Richtung und arbeiten auf ein gemeinsames Ziel hin. Auch für Handballer Martin Strobel ist ein klares Ziel wichtig, darüber hinaus aber auch Leidenschaft, ein gemeinsames Werteverständnis und wiederkehrende Herausforderungen.

Hochgesteckte Ziele können ein Motivator sein, sagt Felix Danner, doch steigt mit der Erwartung auch der Druck auf die Leistungssportler. Daher unterscheidet er zwischen interner und externer Zielsetzung: So kann man sich in seinem Innern ein höheres Ziel stecken, als man es nach außen kommuniziert, um so den Leistungsdruck zu verringern. Das lässt sich auch auf die Karriereplanung in der Arbeitswelt übertragen. Es ist immer gut, sich hochgesteckte Ziele zu setzen. Doch muss man diese nicht immer mit seinen Kollegen, Vorgesetzten oder Freunden kommunizieren, sollte das zu großen Erwartungsdruck erzeugen, mit dem man nicht umgehen kann. Auch Teams in Unternehmen kann es helfen, sich gemeinsame Ziele zu setzen – egal ob sie sie nach außen kommunizieren oder nicht –, denn ein gemeinsames Ziel schweißt zusammen.

Grundsätzlich braucht es die richtigen Mitspieler und Teammitglieder für den Erfolg. Felix Danner beispielsweise sagt, dass er davon profitiert hat, dass er Teamkollegen hatte, die ihn auf seiner Position gut bedienten und ihm erlaubten, sich weiterzuentwickeln. Top-Performer und weniger starke Leistungsträger müssen in Teams zusammenkommen und als eine Einheit wirken. Es funktioniert zum Beispiel nicht, wenn ein spielstarkes Teammitglied sich immer wieder vordrängt und dem schwachen Spieler die Chance fehlt, sich weiterzuentwickeln.

Das Team Julius Brink und Jonas Reckermann war im Sport außerordentlich erfolgreich, obwohl die beiden privat nicht sehr viel gemeinsam hatten. Beide hatten sehr unterschiedliche Persönlichkeiten, Interessen und Stärken. Das Ziel war für sie der vereinende Faktor. Sie haben damit gezeigt: Auch wenn man privat nicht auf einer Wellenlänge ist, kann man als Team Erfolge erzielen.

Für Martin Strobel ist eine Stärke von Spitzensportlern das Durchhaltevermögen, von dem sich Unternehmen eine Scheibe abschneiden können. Das betrifft auch die Fehlerkultur: Im Mannschaftssport gibt es kein perfektes, fehlerfreies Spiel. Dafür spielen zu viele individuelle Charaktere mit ihren eigenen Stärken und Schwächen zusammen. Unternehmen müssen deshalb ähnlich wie Sportmannschaften erkennen und akzeptieren: Fehler kommen nun einmal vor! Eine gute Fehlerkultur ist Teil des Erfolgs. Dem stimmt auch Felix Danner zu. Fehler seien nicht schlimm und wer auf Teufel komm raus versuche, diese zu vermeiden, mache es oft schlimmer.

Der Einzelne im Team: Fleiß, Talent, Motivation

Die Fähigkeit zur Selbstmotivation ist nicht nur für Einzelsportler entscheidend, sondern treibt auch Mannschaftssportler an. Julius Brink spricht hier von einer inneren Flamme, einer unbändigen Lust, Dinge auszuprobieren, und von seinem Ehrgeiz. Für ihn sind ein starker Wille und die richtige Einstellung entscheidend. Felix Danner sagt, man müsse als Sportler Motivation in sich selbst finden. Das funktioniere am besten, wenn man Dinge tut, die man liebt. Verschiedene Rahmenbedingungen, wie Verletzungen oder Niederlagen, können die Motivation allerdings negativ beeinflussen.

Eigenmotivation ist angesichts der Anforderungen des Spitzensports besonders wichtig. Talent alleine reicht für Julius Brink beispielsweise nicht aus, weil Sportarten inzwischen viel zu komplex sind, um sich allein auf das Talent verlassen zu können. Man brauche ein Talent dafür, fleißig zu sein, sagt Brink. Wer Höchstleistung erreichen will, müsse daher beides miteinander verbinden. Das Gleiche gilt auch für Menschen im Berufsleben. Manche Menschen haben ein natürliches

Talent, andere zu führen, oder sind besonders gut mit Zahlen. Doch es braucht mehr, um mit der Karriere voranzukommen.

Martin Strobel war immer ein fleißiger Spieler und sagt: Talent sei eine Grundvoraussetzung, reiche aber nicht aus. Man lerne durch Wiederholungen und müsse kontinuierlich an der eigenen Leistung arbeiten, um eine Abwärtsspirale zu vermeiden. Das ist für Mannschaftssportler schwieriger als für Einzelsportler, weil Mitspieler gegebenenfalls auftretende Schwächen auffangen können, sodass die Schwäche lange nicht auffällt. Mannschaftssportler müssen daher besonders auf ihr Leistungsniveau achten. Das ist in Teams in der Wirtschaft genauso. Auch hier können Teammitglieder die Schwächen anderer notfalls auffangen. Darauf sollte man sich aber nicht ausruhen.

Ständig neue Motivation zu finden ist nicht immer einfach. Martin Strobel findet diese in dem Willen, jeden Tag möglichst erfolgreich zu gestalten. Musik hilft ihm dabei, ebenso wie die entsprechende Selbstansprache. Gute Routinen, sagt Strobel, können einen in den richtigen Gefühlszustand bringen – solange man nicht verbissen wird. Für Felix Danner war der Fleiß tatsächlich ein wichtiger Motivationsfaktor: Er wollte sich ständig weiterentwickeln und neue Höchstleistungen erreichen.

Was man kann und wo man noch besser werden kann, dafür muss man die Fähigkeit haben, sich selbst zu betrachten. Eine Gabe zur Selbstreflexion ist für Beachvolleyballer Julius Brink deshalb ebenfalls ein wichtiger Erfolgsfaktor, denn Leistungssport ist immer ein Lernprozess, in dem Selbsterkenntnis eine wichtige Rolle spielt. Julius Brink entwickelte sich von einem Problemfall als Kind zu einem echten Leistungsträger. Der Mannschaftssport kann daher gerade für junge Menschen ein wichtiger Lernort sein, ein Ventil für innere Kämpfe und eine Konstante im Leben. Das Team liefert ein klares Wertesystem, sei es Pünktlichkeit oder der Fair-Play-Gedanke. Und noch in anderer Hinsicht ist der Mannschaftssport ein Vorbild: Hier kommen Menschen aus unterschiedlichen sozialen und kulturellen Hintergründen zusammen und dennoch gelingt es, daraus eine gut zusammenarbeitende Einheit zu formen.

Mehr als nur Sport: Ganzheitliche Ansätze und Karriereplanung

Mit körperlicher Fitness allein ist es beim Sport nicht getan. Deshalb setzen immer mehr professionelle Athleten auf einen ganzheitlichen Ansatz. Martin Strobel und sein Bruder haben sich beispielsweise schon früh für das Thema Ernährung interessiert. Er sagt, Ganzheitlichkeit sei wichtig, um ideale Voraussetzungen zu schaffen, die wiederum für eine größere Zufriedenheit und mehr Selbstvertrauen sorgen. Auch Meditation kann dabei helfen, eine innere mentale Stärke zu finden.

Ein weiterer wichtiger Aspekt für Sportler ist die Karriereplanung – und nicht nur die sportliche Karriere, sondern auch die, die nach dem Sport kommt. Für Felix Danner stand zunächst der Spaß am Sport und nicht die Karriereplanung im Vordergrund. Er ist von Natur aus eher zurückhaltend und der Spaß am Sport gab ihm den notwendigen Push in Richtung Profikarriere. Gleichzeitig hat sich Felix Danner aber zur Sicherheit ein zweites Standbein als Sanitärinstallateur aufgebaut. Neben dem Sport noch einen Blick auf weitere Karrierewege zu werfen ist wichtig, um nach dem Sport abgesichert zu sein.

Nicht immer lässt sich die Karriere exakt planen. Gerade am Anfang einer Karriere gehört oft eine gehörige Portion Glück mit dazu. So schlossen sich beispielsweise zwei Mannschaften vor Martin Strobels Haustür zusammen, um in der zweiten Liga zu spielen, und der junge Nachwuchsspieler ergatterte einen Platz in der Mannschaft. Ohne diesen Zufall hätte seine Karriere womöglich ganz anders ausgesehen.

Die Rolle von Vorbildern

Gerade in jungen Jahren sind Vorbilder wichtig. Für angehende Sportler sind dies oft erfahrene Sportler, doch manchmal liegen Vorbilder näher, als man denkt. Für Handballer Martin Strobel war es in der Jugend der drei Jahre ältere Bruder und er nahm sich schon als Kind vor, die gleichen Erfolge zu erleben, sobald er alt genug dafür wäre. Später trainierten beide zusammen im elterlichen Haus und erfüllten sich gemeinsam den Traum von einer sportlichen Karriere. Handballer Felix Danner hat als Kind eine ähnliche Erfahrung gemacht: Die Geschwister haben es ihm vorgemacht und so entdeckte auch er die Begeisterung für den Handball. Darüber hinaus hatte er aber tatsächlich – gerade als Jugendlicher – andere Sportler zum Vorbild, darunter Basketballer Michael Jordan. Heute ist Felix Danner immer wieder überrascht über die Tatsache, dass er selbst jungen Sportlern und Handballfans als Vorbild dient.

Vorbilder sind in allen Bereichen wichtig für die persönliche Entwicklung. Darüber hinaus braucht es Unterstützer. Für Martin Strobel waren das in jungen Jahren unter anderem die Eltern, die ihn regelmäßig zum Training und zu den Turnieren fuhren.

Übertragen auf Unternehmen heißt das, dass auch erfahrene Kollegen derartige Vorbildfunktionen erfüllen können und man sich gemeinsam mit Kollegen nach vorne arbeiten kann. In Sportmannschaften funktioniert das ähnlich: Erfahrene und lang gediente Spieler können in der Mannschaft als Vorbilder für den Nachwuchs fungieren und zum Beispiel dabei helfen, dass der Nachwuchs die Fehler vermeidet, die sie selbst – unerfahren wie sie waren – am Anfang der Karriere gemacht haben.

Mannschaftsführung: Was zeichnet einen guten Leader aus?

Für Julius Brink müssen Führungspersonen nicht nur die richtigen Fachkenntnisse mitbringen, sie müssen zudem authentisch sein und das leben, was sie vermitteln. Das betrifft auch die innere Einstellung und das Brennen für den Beruf oder den Sport. Authentisch zu sein heißt auch, sich das richtige Team zusammenzustellen, Freiheiten zu erlauben und sich Experten ins Team zu holen, die einem in bestimmten Bereichen überlegen sind. Je breiter die Aufgabe ist, desto wichtiger ist es, sich entsprechende Spezialisten für die einzelnen Aspekte ins Team zu holen. So schafft man eine innovative Ausrichtung. Julius Brink ist dabei ein Freund nicht-patriarchalischer Strukturen, in denen auch die Teammitglieder eine entsprechende Leadership-Rolle einnehmen – so wie Beachvolleyballer auf dem Sandplatz.

Ein guter Leader gibt seinem Team eine Struktur. Davon ist Ex-Handballer Martin Strobel überzeugt. Im Handball bedeutet dies, dass eine Führungsperson in der Lage ist, das Spiel gegebenenfalls zu beruhigen oder an sich zu ziehen und die anderen Spieler anzuleiten. Eine Mannschaft besteht aus sehr unterschiedlichen Individuen und ein guter Trainer weiß diese zusammenzubringen. Für Martin Strobel muss ein guter Trainer neben Fachkenntnissen selbst Erfahrung auf dem Niveau mitbringen, das er trainiert. Das heißt, er sollte selbst einmal die Sportart auf einem hohen Niveau ausgeübt haben, um die entsprechenden Charakteristika zu kennen. Er oder sie sollte Menschenkenntnis und eine gute Kommunikationsfähigkeit mitbringen. Letztere sei beispielsweise auch der Schlüssel für ein erfolgreiches Homeoffice, da dieses nur mit einer guten Kommunikation funktionieren kann. Im Berufsalltag geht viel Arbeitszeit durch ein Nichtkommunizieren verloren. Der Mannschaftssport macht vor, wie es besser geht: Im Handball, wie in anderen Mannschaftssportarten, sind vorherige Absprachen ebenso wichtig wie nichtverbale Kommandos, um die Spielzüge und Strategie zu koordinieren. Dabei braucht jeder Sportler eine individuelle Ansprache, entsprechend seiner Persönlichkeit und Erfahrung.

Für Felix Danner ist ein guter Trainer ein guter Motivator, Taktiker und Analytiker. Er oder sie bringt das Team so zusammen, dass jeder seine eigene Rolle bestmöglich erfüllen kann. Das schafft ein gutes Klima. Mannschaftssport kann nämlich nur erfolgreich sein, wenn alle Räder passend ineinandergreifen. Der Trainer oder Leader steht hier im Zentrum. Auch das lässt sich auf die Wirtschaft übertragen.

3. Einzelsport

Einzelsport ist der beste Sport – das sagen zumindest die Einzelsportler. Viele Eltern bekommen entweder von Lehrern, Kinderärzten oder anderen Eltern den Tipp, ihr Kind oder ihre Kinder für einen Mannschaftssport anzumelden: Das schaffe Teamfähigkeit und helfe Kindern, sich besser in ein soziales Gefüge einzuordnen. Kinder lernten dadurch Zusammenarbeit und wie sie die unterschiedlichen Fähigkeiten der einzelnen Teammitglieder gemeinsam nutzen könnten. Das ist sicherlich ein guter Tipp, aber heute muss ich persönlich sagen, dass ich das Thema Einzelsport deutlich spannender finde, denn hier lassen sich tatsächlich viele Lektionen für das spätere Leben lernen. Wer im Einzelsport einen Fehler macht, der kann keinen Arbeitskreis bilden, um die Schuld bei anderen zu suchen. Du als Einzelsportler hast den Fehler gemacht und du alleine bist dafür verantwortlich. Deshalb würde ich meine Kinder heute eher zum Einzelsport schicken, denn hier lernen sie ihre ganz eigenen individuellen Fähigkeiten kennen und bekommen durch Wettkämpfe die entsprechende Selbstbestätigung.

Grundsätzlich haben Einzelsportler andere Zielsysteme und einen anderen Maßstab, was den Erfolg ausmacht. Dabei geht es nicht immer nur um den Sieg, sondern beispielsweise um persönliche Bestzeiten. Das werden die Beispiele in diesem Kapitel zeigen. Um das vorab ein wenig zu verdeutlichen: Der New York Marathon ist 42,195 Kilometer lang und natürlich liegt die Durchschnittszeit im Marathon weit entfernt von den Spitzenzeiten der weltbesten Läufer, aber sie ist dennoch beeindruckend. Die durchschnittliche Zeit der Männer liegt bei 4:29:52, die Zeit der Frauen liegt etwa eine halbe Stunde darüber bei 4:59:28. Somit liegt der Gesamtdurchschnitt bei 4:41:33. Mal angenommen, ich würde Marathon laufen und würde am New

York Marathon teilnehmen, dann würde ich schnell feststellen, wie schwer es ist, auf einem der vorderen Ränge zu landen: Würde ich etwa 3:30:00 laufen und damit weit unter dem Durchschnitt ins Ziel kommen, dann würde ich auf Platz 6.173 landen. Mit einer Zeit von vier Stunden käme ich gerade einmal auf Platz 15.843. Und wer die exakte Durchschnittszeit läuft, erreicht Platz 31.313. Na, herzlichen Glückwunsch. Man sage das einmal einem Mannschaftssportler, für den schon ein Unentschieden eine mittelschwere Katastrophe ist. Um das einmal ins Verhältnis zu setzen: Würde Deutschland bei einem internationalen Fußballturnier bereits im Achtelfinale ausscheiden, dann wäre das für die Mannschaft eine große Enttäuschung, selbst wenn sie die beste Torbilanz aller Zeiten hätte. Ganz Deutschland würde vermutlich Volkstrauer tragen, und wäre die Niederlage dann auch noch gegen Holland, dann würde der Trainer entlassen und die Bundesregierung eingeschaltet, um das ironisch auf die Spitze zu treiben.

Abseits vom Profisport finden viele Hobbysportler im Einzelsport einen Ausgleich zum Arbeits- und Alltagsstress. Sport und Training haben grundsätzlich einen positiven Einfluss auf die körperliche und emotionale Ebene. Jeder, der Sport treibt, kennt das gute Gefühl nach einer erfolgreichen Trainingssession oder einer neuen Bestleistung. Manchen fällt es tatsächlich leichter, in einer Mannschaft zu trainieren, wo der Vergleich mit anderen Mannschaftsmitgliedern neue Motivation bringt und man sich gegenseitig zu Bestleistungen anfeuern kann. Der Vorteil des Einzelsports liegt darin, dass man sich komplett auf sich selbst als Individuum konzentrieren kann – ohne Ablenkung von außen. Auch lässt sich Einzelsport zeitlich sehr viel flexibler gestalten und besser in den individuellen Tagesablauf einpassen. Das heißt, dass man als Sportler stärker für sich verantwortlich ist und lernt, sich selbst zu motivieren – selbst wenn man mal einen schlechten Tag hat. Auch müssen Einzelsportler lernen, alleine mit Leistungsabfällen und Misserfolgen umzugehen, denn sie können das nicht auf jemand anderen schieben. Trainingstechnisch ist Einzelsport oft effektiver, da das Training auf die individuellen Bedürfnisse und individuellen Fähigkeiten abgestimmt ist und Einzelsportler so den optimalen Trainingsanreiz bekommen. Einzelsportler lernen dabei zwei Kernfähigkeiten, die sich auch auf andere Lebensbereiche übertragen lassen: Ehrgeiz, das gesetzte Ziel zu erreichen, und Durchhaltevermögen, um das auch körperlich und mental zu schaffen. Einzelsportler sind daher oft selbstständig, strukturiert und zielgerichtet und so ist es kaum verwunderlich, dass viele erfolgreiche Managertypen tatsächlich in ihrem Privatleben Einzelsport betreiben.

Die Erfolgsstrategien von Spitzen-Einzelsportlern sind ganz unterschiedlich und reichen von Crosstraining-Ansätzen wie bei Sandra Völker bis hin zum gezielten Verlassen der eigenen Komfortzone, wie es bei Nadine Apetz und Laura Philipp der Fall ist. Doch egal wie die Strategie aussieht: Wir können als Otto Normalmensch viel von Einzelsportlern lernen – für Beruf, Business und unser Privatleben.

3.1 Frank Busemann: Das Leben ist ein Mehrkampf

Es gibt Geschichten, da wünscht man sich, man wäre live dabei gewesen. Frank Busemanns Sportkarriere gehört definitiv in diese Kategorie. Bei dem Leichtathletikmehrkämpfer hatte ich mich immer gefragt: Ist der wirklich so wie im Fernsehen? So locker und witzig, gefühlt so ehrlich und bodenständig, eben so ein Typ, den man einfach gern haben muss. Lasst es mich so beantworten: Ja! Er ist genau so, wie ihr ihn euch vorstellt.

Frank ist irgendwie mein Corona-Partner: Wir waren beide gefangen zwischen Homeschooling und Kinderanimationsprogramm, und gemeinsam wurden wir beide von einer Tageszeitung interviewt. Titel: »Auch in Krisen niemals ans Aufgeben denken«. Gemeinsam mussten wir uns und unseren Job neu denken, anders denken und neu erfinden. Bedenkt man, dass Frank mir einmal gesagt hat, dass er technisch überhaupt nichts kann (also PC, Laptop, Social Media, ...), hat er das grandios gemacht. Sehr schnell hat er sich Equipment angeschafft, um live Online-Vorträge zu halten. Frank weiß eben, wie man aus Krisen gestärkt hervorkommt, denn durch seine Wettkampfzeit hat er eine gewisse innerliche Struktur, um mit veränderten Rahmenbedingungen klarzukommen. Und er weiß aus dieser Zeit, dass er sich auf seine Intuition verlassen kann.

Frank ist gerne draußen und braucht ständige Bewegung. Das liegt in seiner Natur als ehemaliger Zehnkämpfer. Wer macht schon freiwillig Hundertmeterlauf, Weitsprung, Kugelstoßen, Hochsprung, Vierhundertmeterlauf, nur um dann die Erkenntnis zu haben: Mist! Da kommen ja noch fünf Disziplinen! Ich glaube, dafür muss man Be-

wegungsdrang haben – und natürlich auch einen unbedingten Siegeswillen. Den hat Frank auf jeden Fall.

Als es 2020 die ersten Lockerungen gab, war Frank Busemann auf mich neidisch. Ich hätte nie gedacht, dass das einmal passieren würde. Ich war wieder unterwegs und habe Vorträge und Workshops gehalten, war mit Menschen in einem Raum – und Frank nicht. Ich weiß noch, dass wir abends auf einer meiner Rückfahrten telefonierten und er mich fragte, wie viele Kilometer ich noch vor mir habe, und es waren tatsächlich noch 568 Kilometer. Und um genau diese 568 Kilometer hat Frank mich beneidet: endlich mal wieder weg zu sein, endlich wieder live mit Menschen zu arbeiten. Frank hatte mir immer viel zu erzählen und das machte er völlig frei raus und sehr unterhaltsam. Er hat viel erlebt.

Mit Anfang zwanzig auf dem Karrierehöhepunkt

Frank Busemann gehört zu den erfolgreichsten deutschen Leichtathleten. Seinen ersten Wettkampf hatte er 1982 für den FC Schalke – mit gerade einmal sieben Jahren. Als Jugendlicher wurde ihm klar, dass der Sport für ihn mehr ist als nur ein Hobby. Da war Frank Busemann dreizehn Jahre alt und hatte gerade die Westfalen-Meisterschaft gewonnen. Das nächste große Ziel waren die deutschen Meisterschaften im Mehrkampf. Aber das klappte nicht wie geplant. »Ich bin als Favorit hingefahren und mit vierzehn verletzt rausgeflogen, mit fünfzehn als Favorit hingefahren und verletzt rausgeflogen«, erzählt der Sportler. Mit sechzehn Jahren beschloss er, sich voll auf den Hundertzehn-Meter-Hürdenlauf zu konzentrieren. Mit siebzehn Jahren wurde er in den Bundeskader aufgenommen und mit achtzehn wechselte er zur LG Olympia Dortmund und verdiente erstmals Geld mit dem Sport, nicht viel, aber immerhin 250 Mark im Monat (circa 125 Euro).

Der Wechsel zum Hürdenlauf war auch gesundheitlich geboten: Frank Busemann hatte eine muskuläre Disbalance und der Vater erlaubte ihm nur noch das Laufen, bis seine Verletzungen geheilt waren. »Mit der Zeit wurde mir das Laufen jedoch einfach zu langweilig. Darum stellte ich zur Auflockerung Hürden auf die Bahn. Daraus ergab sich meine spätere Spezialdisziplin.« (Busemann 2015: 18) Der Wechsel zahlte sich aus: Gleich mehrfach wurde Frank Busemann Jugendmeister im Hürdenlauf, darunter auch mit der Mannschaft.

Die Familie war der Ausgangspunkt für die sportliche Karriere: Bereits am Tag der Geburt, am 26. Februar 1975, meldeten die Eltern Frank beim Recklinghäuser Leichtathletik Club an – noch bevor der

Vater die Geburt beim Standesamt anzeigte. Der Sport hatte in der Familie großen Stellenwert. Die Mutter war Diplomsportlehrerin, der Vater Hauptschullehrer, und beide arbeiteten als Sporttrainer. »Meine Eltern waren sportlich sehr aktiv. In jungen Jahren hatte meine Mutter zunächst die Schwimm-Nationalmannschaft unterstützt, wechselte dann zur Leichtathletik, wo sie es im Kugelstoßen und im Sprint zu einigen Titeln brachte. Mein Vater war Westfalenmeister im Zehnkampf«, schreibt Frank Busemann dazu in seinem Buch »Zehnkampf-Power für Manager«. (Busemann 2015: 17)

Als Kind probierte Frank Busemann verschiedene Sportarten aus, neben der Leichtathletik auch Fußball und Tennis. »Die Welt des Sports hat mich von klein auf fasziniert. Ich imitierte schon damals die Großen, immer neugierig auf das, was ich gezeigt bekam. Schon in der Kindergartenzeit zeigte ich meinem Großvater beim Spaziergang zum Spielplatz, wie toll ich rennen konnte, und lief immer erst einmal um den ganzen Platz, bevor ich ihn betrat«. Entsprechend dem eigenen sportlichen Interesse unterstützten die Eltern Frank Busemanns sportliche Ambitionen, fuhren ihn zum Training und kauften die oft nicht ganz günstige Sportausrüstung. Im Zweifelsfall musste der nächste Urlaub eben ein wenig kleiner ausfallen. »Es war perfekt, die Unterstützung aus dem Zuhause zu bekommen, die ich brauchte. Ich musste mich im Grunde genommen um nichts kümmern. Wenn ich zum Wettkampf wollte, wurde ich gefahren, und ich hatte nie Probleme, irgendwelche Sportsachen oder Materialien zu bekommen«, sagt Frank Busemann. Auch Franks Bruder Lars war in der Leichtathletik erfolgreich und so war der Sport Familiensache.

Seine ersten internationalen Erfolge hatte Frank im Hürdenlauf. So gewann er 1993 Bronze bei den U20-Europameisterschaften und gewann die U20-Weltmeisterschaften 1994. Schnell aber wurde klar: Hürdenlauf allein reichte ihm nicht. 1994 bestritt er mit 7.938 Punkten seinen ersten Zehnkampf und erfüllte sich damit einen Kindheitstraum: »Ich glaube, ich musste diesen Schritt machen. Ich wollte mir nicht vorwerfen, dass ich ein super Zehnkämpfer gewesen wäre, aber nicht den Mumm hatte«, erzählt Frank Busemann. Auch hier hatte er schnell große Erfolge: 1996 gewann er bei den Olympischen Spielen in Atlanta die Silbermedaille im Zehnkampf. Mit 8.706 Punkten erzielte er hier seine Bestleistung. Busemann ging bei Olympia komplett an seine Grenzen: Beim Tausendfünfhundert-Meter-Finale war er am Ende so erschöpft, dass er von Helfern davongetragen werden musste. Frank Busemann war das alles egal. Er erzählt später, er sei in dem Moment vollkommen mit sich zufrieden gewesen und hätte ewig auf der Laufbahn liegen können – und schlafen.

Busemanns Olympiaerfolg überraschte damals die Sportwelt. Weitere internationale Erfolge im Zehnkampf und Hürdenlauf kamen in den Folgejahren hinzu: 1997 holte er bei den Weltmeisterschaften in Athen Bronze im Zehnkampf und die Goldmedaille im Hürdenlauf bei den U23-Weltmeisterschaften.

Die andere Wirklichkeit: Verletzungen und Gesundheitsprobleme

Wie viele Leistungssportler hatte Frank Busemann stetig mit Gesundheitsproblemen zu kämpfen: Bereits als Jugendlicher hatten ihm Ärzte davon abgeraten, mit seinem Körperbau professionell Leichtathletik zu betreiben, denn er hatte in Relation zu den starken

Beinen einen recht schwachen Oberkörper. »Beine wie ein Pfingstochse und Arme wie die Krampfadern eines Spatzen«, hatte der Vater und Trainer das genannt. Frank Busemann nennt das die »normale Frotzelei«, denn zwischen Vater und Sohn herrschte stets ein lockerer Umgangston. Immerhin hatte der Vater inhaltlich recht, denn im Alter von dreizehn Jahren sagten alle Ärzte das Gleiche: Mit seinem Körperbau würde Frank Busemann beim Sport immer Probleme haben. Das brachte für ihn die entsprechenden Selbstzweifel mit sich, immerhin fehlt gerade Teenagern oft die mentale Festigkeit, um mit solchen Neuigkeiten umzugehen. Frank Busemann trainierte aber gezielt die Schwachstellen und machte Krankengymnastik für die Skoliose, eine Verbiegung der Wirbelsäule, an der er ebenfalls litt. Seine körperlichen Probleme zeigten sich aber tatsächlich schon beim Training: Mehr als zweieinhalb Stunden Training am Tag waren nie möglich und so ist es umso überraschender, wie erfolgreich Frank Busemann tatsächlich war. An seinen Traum hat er immer geglaubt.

1999 musste er bei der Weltmeisterschaft in der zweiten Disziplin des Zehnkampfes aufgeben, weil er einen Muskel im Oberschenkel verletzt hatte. Die Gesundheitsprobleme rissen nicht ab und machten auch die Vorbereitung auf die Olympischen Spiele in Sydney schwierig. Dennoch schaffte er es auf den siebten Rang. Wäre aber auch Gold drin gewesen? Vielleicht, wenn er sich nach der damaligen Verletzung besser auskuriert hätte, sagt er heute. Doch das ist Spekulation.

An der Weltmeisterschaft 2001 nahm er wegen einer erneuten Verletzung dann gar nicht erst teil. Er hatte sich beim Speerwerfen die Bänder, Sehnen und Muskeln im Ellenbogen gerissen. Es folgten ein gebrochener Fuß und ein Leistenbruch, der schlecht verheilte. Im selben Jahr hatte er seinen letzten Zehnkampf beim Mehrkampf-Meeting in Ratingen, bei dem er Zweiter wurde. Zwei Jahre später gab er sein endgültiges Karriereende im Spitzensport bekannt – nach insgesamt zwölf Zehnkämpfen. Das Ende der Karriere war schmerzhaft und »nicht schön, also nicht nur für mich, sondern auch für meine Freundin, die alle meine Launen ertragen musste«. Das letzte Dreivierteljahr zum Karriereende war so schwierig, weil auf einmal der Lebensmittelpunkt wegfiel. »Das, was mich ausmachte, das, was mir Spaß machte, das, was ich wirklich gut konnte, konnte ich nicht mehr ausführen und das war ein Schock.«

Einen weiteren Olympiasieg konnte Frank Busemann nicht mehr erringen, dabei war das einst sein großer Traum. Lange Zeit glaubte er, dass er ohne den Olympiasieg nicht richtig glücklich sein würde. Heute ist er aber stolz auf die eigene Leistung, vor allem die 8.706 Punkte bei den Olympischen Spielen in Atlanta. Rückblickend sagt Frank Busemann daher, dass die Ärzte in seiner Jugend recht hatten: Sein Körper war für den Leistungssport nicht gemacht. Dennoch ist er glücklich, dass er zeigen konnte, was in ihm steckt. Er selbst hat immer an seine Leistungsfähigkeit geglaubt. Jeder habe Schwachstellen, sagt er, die Frage sei nur, wie man damit umgehe.

Die Lehren, die Frank Busemann aus den Verletzungen während seiner Karriere gezogen hat, hat er inzwischen auch an andere (Nichtprofi-)Sportler weitergegeben. So wurde er 2008 Sportlicher Leiter des Zentrums für Präventivmedizin im Ostseebad Damp. Sein Ziel für den damals neuen Job war es, Teilnehmer für einen gesunden Sport zu emotionalisieren.

Grundsätzlich tut Sport schon einmal weh und das Training macht manchmal keinen Spaß. Aber hinterher fühle man sich »königlich«, sagte Frank Busemann damals über seinen Trainingsansatz. »Man muss sich realistische Ziele setzen.« Eine wichtige Erkenntnis, die er inzwischen nicht nur Sportlern nahebringt, sondern auch Führungskräften in Unternehmen und ganz normalen Menschen auf der Straße. Frank Busemann spricht hier von der Wichtigkeit einer Vision, die als Leitfaden funktioniert, um die gesteckten Ziele zu erreichen. Eine Vision ist die Antwort auf die Fragen: Sind Sie glücklich? Und wenn nicht: Wie werden Sie es? »Eine solche Vision ist die begeisternde Lebensorientierung. Sie gibt dem Leben Sinn für Dinge, die zu tun sind und hinter denen man hundertprozentig stehen kann«, schreibt Frank Busemann in »Zehnkampf-Power für Manager«. (Busemann 2015: 26) Wer Ziel und Vision hat, der muss nur noch den Mut finden, den Weg dahin auch einzuschlagen.

Die Säulen des Karriereerfolgs

Schon während seiner Sportkarriere bereitete sich Frank Busemann auf die Zeit danach vor. Nach der Schule machte er 1998 eine Ausbildung zum Bankkaufmann. Er arbeitete bis nachmittags in der Bank und trainierte anschließend mit dem Vater. Natürlich war das mit viel Stress verbunden, denn neben dem Sport und der Ausbildung standen zusätzlich Sponsorentermine an. Heute möchte er das nicht noch einmal erleben, aber diese Mehrfachbelastungen haben ihn sehr geprägt und belastbar gemacht.

Frank Busemann war immer Sportler mit Herz und Seele. Daher ist er nach der eigenen Sportlerkarriere dem Spitzensport treu geblieben – allerdings in anderer Funktion. Unter anderen unterstützt er die Special Olympics und war in verschiedenen Stiftungen und dem Deutschen Olympischen Sportbund sowie als sportlicher Leiter aktiv. Seit 2003 ist er als Leichtathletik-Experte und Co-Kommentator für die ARD tätig. Direkt nach dem Rücktritt vom Leistungssport kam das Angebot, als Kommentator mit zur Weltmeisterschaft nach Paris zu fahren.

Eine weitere Betätigung fand er im Bücherschreiben. Den Auftakt machte seine Autobiografie »Aufgeben gilt nicht«. Das erste Exemplar bekam seine Freundin Katrin, gefolgt von einem Heiratsantrag, denn Katrin hatte ihm stets den Rücken freigehalten, auch in der schwierigen Phase am Ende der Karriere. Der Buchtitel »Aufgeben gilt nicht« ist für Frank Busemann auch ein persönliches Motto. 2009 schrieb Frank Busemann dann über die Schwangerschaft seiner Frau Katrin und das Kinderkriegen ein weiteres Buch, »Neun Monate – Aus dem Leben eines Ahnungslosen«, eine Art Liebeserklärung an das Familienleben nach der Geburt des ersten Sohnes. Seitdem hat er zahlreich publiziert, unter anderem den Ratgeber: »Mach's doch einfach« (2017), auf den Frank Busemann sehr stolz ist. Darin erklärt er anhand der eigenen Erlebnisse, wie man das macht, was man wirklich machen will, und verdeutlicht auch, was der Sport Menschen vermitteln kann.

Für Frank Busemann hat die Wahl des richtigen Weges auch mit Liebe zu tun: Die tut zwar manchmal weh, mache aber auch glücklich. Dann nehme man auch gerne Herausforderungen an und meistere sie. Der Widerstand sei dadurch beseitigt, weil man etwas tut, das man will, Talent hat und liebt. So kann man zielstrebig neue Fähigkeiten lernen. Da man sich aber relativ schnell an seine Fähigkeiten gewöhnt,

»fühlt man sich zu Höherem berufen und geht zwangsläufig an seine Grenzen«.

Heute bietet Frank Busemann Seminare, Vorträge und Projektarbeiten für Unternehmen an, in denen er Mitarbeitern und Führungspersonen seine »Säulen des Erfolgs« nahebringt. Er macht dabei stets konkrete Punkte aus, die bei einer Erfolgsstrategie hilfreich sein können. Dazu gehört es, ein anspruchsvolles und erstrebenswertes Ziel zu definieren und einen Plan zu machen, wie man dieses Ziel erreichen möchte. »Menschen sollten eine klare Ausrichtung haben, wo es hingehen soll«, sagt er.

Einen gesteckten Plan in die Tat umzusetzen, trainiere laut Frank Busemann die eigene Willensstärke. Darüber hinaus muss man aber auch lernen, mit Rückschlägen umzugehen, wenn es mal nicht so richtig läuft. Für ihn macht zudem die Fähigkeit zur Selbstreflexion eine wichtige Säule des Erfolgs aus. »Jeder Teilnehmer wird in seinem persönlichen Mehrkampf abgeholt«, schreibt Frank Busemann zu seinen Seminaren, und so lernt jeder, mit Rückschlägen und Niederlagen umzugehen und die eigenen Stärken zu netzen.

Für ihn ist das Leben ein einziger Mehrkampf voll von Höhen und Tiefen, von Hürden, die zu überwinden sind, von Rückschlägen, aber auch von der Euphorie, die man bekommt, wenn man ein wichtiges Ziel erreicht. In seinen Vorträgen ist Frank Busemann offen und ehrlich und verbreitet nicht einfach positive Botschaften mit einem Hinweis auf seine eigenen sportlichen Erfolge. Vielmehr erzählt er auch von den Rückschlägen und den inneren Kämpfen, nicht nur davon, was er kann, sondern eben auch davon, was er nicht kann.

Wichtig ist für ihn daneben die Offenheit, »Dinge einfach mal auszuprobieren«, selbst wenn man vielleicht anfangs keine Lust darauf hat oder glaubt, dass man es nicht kann. Das ist sicherlich auch eine Erkenntnis aus dem Sport. »Immer wieder neue Dinge auszutesten, das hat schon diesen Reiz«, sagt Frank Busemann.

Aus der Krise gehen Siegertypen hervor

Auch für Frank Busemann veränderte Corona so einiges. Seine Seminare zum Beispiel musste er in den Online-Bereich verlegen. »Ich bin fünfundvierzig Jahre alt und hab von dem ganzen Thema keine Ahnung, aber wir lernen alle«, sagte er mitten im Lockdown. »Wir müssen offen sein für neue Sachen.« Tatsächlich sind Agilität, online zu arbeiten und Homeoffice nicht erst seit der Coronapandemie viel diskutierte Themen, die Krise hat sie aber akuter gemacht. Die Flexibilität, auf solche unerwarteten Ereignisse zu reagieren, kann man tatsächlich vom Leistungssport lernen, wo Sportler wie Frank Busemann ständig mit unerwarteten Situationen umgehen müssen.

»Sich in der Krise zu behaupten, ich glaube daraus gehen dann Siegertypen hervor«, sagt Frank Busemann. Als Beispiel nennt er eine kleine Krise bei den Olympischen Spielen in Atlanta, die ihm die Silbermedaille bescherte. Beim Hürdensprint verlor er Zeit durch eine verfrühte Reaktion am Startblock. Frank Busemanns Vater und Trainer sagte: Der kurze Schrecken hätte ihn dazu motiviert, noch mehr aus sich herauszuholen. Das kann man auch auf andere Bereiche übertragen, sei es den Beruf oder den normalen Alltag: Wie kann man das Beste aus einer schwierigen Situation herausholen?

Am Anfang der Coronakrise 2020 erlebte Frank Busemann einen persönlichen Tiefpunkt und konnte fast zwei Wochen nicht schlafen, weil er nicht wusste, wie es beruflich weitergehen sollte. Die normalen Vorträge und Seminare waren plötzlich nicht mehr möglich. Auf die Schockstarre folgte die Erkenntnis, dass er seine Strategie ändern muss. Obwohl er selbst kein Technikgenie ist, entdeckte er tatsächlich Spaß an Webseminaren. Über vierzig Seminare standen zu dem Zeitpunkt an und mussten nun online stattfinden. Frank Busemann kaufte eine Kamera, Stativ und die entsprechende Beleuchtung und lernte, wie man am Computer kurze Filme schneidet. Und plötzlich hatte er sogar einen Instagram-Kanal. All das hätte er unter normalen Umständen nie gelernt und so hat die Krise für ihn zu einer persönlichen Weiterentwicklung geführt.

Um tatsächlich gestärkt aus der Krise hervorzugehen, muss man erkennen, was man selbst verändern kann – und wie. Frank Busemann hat sich während der Sportkarriere und während des Trainings mit dem Vater immer die Frage gestellt: Was kann ich machen, um ein besseres Ergebnis zu bekommen? Man solle immer hinterfragen, ob man wirklich das Beste gegeben hat, statt die Schuld bei anderen zu suchen. Nur so könne man sich weiterentwickeln – und das sei insbesondere in Krisenzeiten ein wichtiger Schlüssel für langfristigen Erfolg.

3.2 Nadine Apetz: Erfolg beginnt im Kopf

Dezember 2020, ich bekomme ein Paket nach Hause geliefert. Es ist von der Deutschen Sporthilfe: Viermal im Jahr gibt diese die Zeitschrift »go!d« heraus, das emotional-unterhaltsame Magazin über, von und für Athletinnen und Athleten. Dieses Mal ist eine Überraschung im Paket: der Sporthilfe-Kalender 2021. Der Wandkalender findet immer einen schönen Platz in meinem Büro, denn er ist nicht nur gespickt mit Sportlern, sondern markiert auch die sportlichen Highlights des Monats, sodass ich nichts verpasse. 2021 ist das anders: Der Kalender ist leer, denn durch Corona stehen zunächst keinerlei Events fest.

Ich blättere durch den Kalender und finde die Skispringerin Katharina Althaus, Speerwerfer Thomas Röhler, Zehnkämpfer und Hürdensprinter Frank Busemann und die Boxerin Nadine Apetz. Von letzter nehme ich über mein Smartphone ein Bild auf, um es bei Instagram zu posten. Ich frage mich aber auch, was mein Spezi Frank Busemann in dem Kalender zu suchen hat, da im Kalender eigentlich nur aktive Sportler sind. Ich schreibe ihm deswegen scherzhaft über WhatsApp, um ihm natürlich eine kleine Spitze mitzugeben. Noch während er mir antwortet, bekomme ich eine Mitteilung auf Instagram. Nadine Apetz hinterlässt ein Smiley und ein freundliches »Danke« für die Nennung in meiner Instagram-Story. Eine ihrer ersten Nachrichten ist: »Freut mich, dich kennenzulernen (im Sport wird geduzt, wenn es dir nichts ausmacht).«

Ich persönlich habe eine besondere Beziehung zum Thema Boxen und musste meine Meinung zum Typus Boxer schon vor Jahren ändern: Ich glaube, dass ein Boxer einer der ganzheitlichsten Sportler ist – vergleichbar mit einem Projektmanager. Ein wahlloses Einschlagen auf den Gegner macht im Boxen keinen Sinn, vielmehr muss ein Boxer oder eine Boxerin schon während des Angriffs an die Abwehr denken. Auch die Beinstellung ist wichtig, um eine möglichst effiziente Schlagkraft zu haben und, und, und.

Der Erfolg beim Boxen beginnt für Nadine Apetz im Kopf

Alles eine Kopfsache – für Nadine Apetz trifft das gleich dreifach zu: Für einen Erfolg im olympischen Boxsport ist strategisches Denken notwendig, im Ring landet die Boxerin präzise Kopftreffer und darüber hinaus forscht sie an der Universität Köln zu Erkrankungen des Gehirns.

Nadine Apetz ist eine der erfolgreichsten deutschen Sportlerinnen und tritt dabei in große Fußstapfen: Sie trainiert beim SC Colonia 06 in Köln, nicht nur der älteste Boxklub Deutschlands, sondern einst auch die sportliche Heimat von Boxlegende Max Schmeling. Nadine Apetz trainiert hier vor allem mit männlichen Boxerkollegen – aus ganz praktischen Gründen, denn in ihrer Gewichtsklasse und auf ihrem Leistungsstand ist es schwierig, einen entsprechenden weiblichen Gegner zu finden. Selbst auf nationaler Ebene ist die Boxerin im Weltgewicht bis neunundsechzig Kilogramm allein auf weiter Flur.

Den Boxsport entdeckte Nadine Apetz dabei recht spät: Während ihres Biologiestudiums an der Uni Bremen trat die damals Einundzwanzigjährige und heutige Neurowissenschaftlerin der Box-AG bei und fand schnell ihre Leidenschaft für den Sport, den sie früher lediglich gemeinsam mit den Eltern im Fernsehen verfolgt hatte. »Ich habe auch schon in meiner Jugend und Kindheit immer Sport gemacht: Ich habe Tennis gespielt und bin zwölf Jahre lang geritten. Mit dem Auszug aus dem Elternhaus und dem Studium habe ich dann ein Jahr lang quasi gar keinen Sport gemacht«, erzählt die Boxerin. »Nach einem Jahr Uni habe ich mir gedacht: Jetzt fühle ich mich so weit gut aufgehoben im Studium und jetzt habe ich auch wieder ein bisschen Kapazitäten, um mehr Sport zu treiben.« Zunächst startete sie mit einer Lauf-AG, dann ging sie mit einer Freundin zur Handball-AG und schließlich zum Boxen – das war die einzige AG, bei der sie hängen geblieben ist, »weil es mir so viel Spaß gemacht hat«. Sie konnte sich dabei so richtig auspowern und das lieferte ihr einen wichtigen Ausgleich zum anstrengenden Studium. Schließlich wuchs angesichts des Trainings der Wunsch, das auch einmal in einem Wettkampf auszuprobieren. »Und das habe ich dann gemacht und jämmerlich verloren. Aber der Ehrgeiz war geweckt«, sagt Nadine Apetz. Sie wollte die Niederlage wieder ausbügeln. »Am Anfang war mein Ziel, einfach mal in meiner Kampf Bilanz mehr Siege als Niederlagen stehen zu haben.« Und dann: »Ich hätte gerne doppelt so viele Siege wie Niederlagen.« Je mehr sie gewann, desto größer wurden die Ambitionen. Dass sie Boxen einmal auf Olympianiveau betreiben würde, war damals natürlich nicht abzusehen. Nadine Apetz sieht den Erfolg allerdings eher als einen Nebeneffekt, denn der Sport macht ihr vor allem Spaß.

Nach dem Studium verbrachte Nadine Apetz fast drei Jahre in Australien, trainierte auch dort und probierte sich im Kickboxen aus. Der Wechsel hin zu einer leistungsorientierten Sportkarriere folgte 2014, als sie nach Köln wechselte. Sechs Mal gewann Nadine Apetz die deutsche Meisterschaft, dazu kommen ihre WM-Medaillen. »In den ersten zwei, drei Jahren hätte ich nie gedacht, dass das mal mein Lebensinhalt sein würde, dass ich damit mein Geld verdiene.« Nadine Apetz kann genau den Zeitpunkt ausmachen, an dem sie wusste, es geht noch mehr: »Das war 2016, als ich bei der WM in Kasachstan als erste deutsche Frauen eine WM-Medaille gewonnen habe. Da war so ein bisschen der Knoten geplatzt.«

Damals stand Deutschland im Frauenboxen noch ganz am Anfang und es fehlte der heutige Respekt gegenüber deutschen Boxerinnen. Als sie zur WM fuhr, ging Nadine Apetz erst einmal davon aus, »ich kann da eigentlich gar nichts reißen«. »Und dann 2016 habe ich halt den ersten Kampf gewonnen. Hat mich natürlich riesig gefreut. Dann habe ich den zweiten Kampf gewonnen ...« Nadine Apetz hatte nicht nur Kämpfe gewonnen, sondern ihr wurde ebenso bewusst, dass ihre Leistung auch von den Punktrichtern gewürdigt wird. Plötzlich ging es um die Medaille. Die zu gewinnen war für Nadine Apetz »der absolute Durchbruch«.

Wirkliche Zweifel an der sportlichen Karriere hatte Nadine Apetz nie: »Ich glaube, da ich am Anfang nicht den Anspruch hatte, dass es was werden muss, hatte ich auch keine Zweifel, was das angeht«, sagt sie. Da Frauenboxen eine recht junge Sportart ist, gab es auch nicht allzu viele, die ihr am Anfang Konkurrenz machen konnten. Viele der aktiven Boxerinnen hatten zudem ähnlich wie Nadine Apetz erst recht spät mit dem Sport angefangen, also ganz anders als bei klassischen olympischen Disziplinen, bei denen viele Sportler bereits als Kinder mit dem intensiven Training beginnen. Die Jüngste, mit der Nadine Apetz je trainiert hat, war fünfzehn Jahre alt.

Die Gegnerin ins Gesicht zu treffen fiel der Boxerin ebenfalls nicht schwer. »Es kommt einfach ein bisschen auf den Charakter an und im Training sieht man auch manchmal, wenn Leute sich wegdrehen oder ganz zaghaft sind und sich nicht so richtig trauen«, erzählt sie. »Das hatte ich eigentlich nicht, denn spätestens, wenn man auf die Nase bekommt, ist der Ehrgeiz gepackt, und dann will man natürlich auch zurücktreffen. Und da hatte ich keine Probleme, keine Berührungsängste.« Das Einstecken fällt ihr dabei durchaus schwerer als das Austeilen. »Das klingt ja ein bisschen martialisch, aber das ist halt der Sport. Natürlich freut man sich, wenn man einen guten Treffer gelandet hat.«

Dabei kämpft die Sportlerin nicht nur mit dem Gegner, sondern auch mit dem eigenen Selbstwertgefühl und dem Selbstvertrauen. Nach der WM 2016 hätte Nadine Apetz ihre Karriere beinahe an den Nagel gehängt, weil sie zum einen mit ihrer Doktorarbeit beginnen wollte und zum anderen ihre Gewichtsklasse nicht olympisch war. Die WM-Medaille fühlte sich plötzlich an wie ein Sieg zweiter Klasse. Doch international änderte sich die Stimmung und die olympischen Gewichtsklassen bei den Frauen erhöhten sich 2017 von drei auf fünf. Apetz entschloss sich, doch noch einmal vier Jahre dranzuhängen – und für die Chance auf eine Olympiamedaille weiterzukämpfen. Ein Olympiasieg wäre die Krönung ihrer Karriere. Dafür stellte sie auch die Doktorarbeit und die wissenschaftliche Karriere hintan. Beides sieht Nadine Apetz als einen Ausgleich zum Leistungssport, etwas, das sie neben der körperlichen Anstrengung eben auch geistig herausfordert.

Nadine Apetz forscht als Doktorandin in der AG Präklinische Bildgebung, Universitätsklinik Köln zu Erkrankungen im Gehirn und möglichen Therapieansätzen. Zu ihrer Forschung ist sie ähnlich wie zum Leistungssport über einen kleinen Umweg gekommen. Nach der Schule stand fest, dass sie Biologie studieren wollte, zunächst allerdings Meeresbiologie – daher auch der Umzug nach Bremen. Bei der Spezialisierung musste sie allerdings zwei Module wählen und entschied sich neben der Meeresbiologie für die Neurowissenschaften. »Und dann war das die allererste Vorlesung im Semester und das fand ich gleich so faszinierend, dass ich dann die Module getauscht habe und Neuro als Hauptmodul gemacht habe. Ich fand es toll, zu verstehen, wie ein menschliches Gehirn funktioniert und was da alles drin passiert und wie es passiert.«

Die Kombination aus ihrer Forschung und dem Boxsport mag einige verwundern, denn Boxschläge gehen gezielt auf den Kopf und Verbandsärzte gehen laut dem Bundesinstitut für Sportwissenschaft davon aus, dass das Risiko, beim Boxen ein leichtes Schädel-Hirn-Trauma (Gehirnerschütterung) zu erleiden, hoch beziehungsweise sehr hoch ist. Laut einer amerikanischen Studie machen Kopfverletzungen beim Boxen siebzig Prozent der Verletzungen aus und reichen von Gehirnerschütterungen über offene Wunden und Frakturen bis hin zu Verletzungen von Nase und Augenbrauen. Ihr neurowissenschaftliches Wissen über das Gehirn hat Nadine Apetz aber nie vom Boxen abgehalten, vielmehr nervt es sie, wenn jemand Boxen lediglich als reines Draufschlagen betrachtet. Boxen sei viel Taktik, sagt Nadine Apetz, und ein Sport, der sich ständig wandelt. »Als ich angefangen habe zum Beispiel, haben Frauen noch viermal zwei Minuten geboxt. Inzwischen ist es angepasst an die Männer«, sagt sie. Auch bei den Männern habe es schon andere Rundenzeiten gegeben. »Dann hat sich ja auch das Punktesystem geändert«, sagt sie. Die Boxstile hätten sich über die Jahre ebenfalls weiterentwickelt.

Mehr als nur Draufschlagen: Olympisches Boxen vs. Profiboxen

Nadine Apetz ist Leistungssportlerin, aber kein Profi. Beim Boxen gibt es nämlich einen klaren Unterschied zwischen dem – eher kommerziellen – Profiboxen und dem olympischen Boxen. Für ersteres hätte Nadine Apetz vermutlich einige Jahre früher anfangen müssen. Beim Profiboxen gehe es »immer um die Show und man kriegt Aufbaugegner. Das heißt die ersten zehn, fünfzehn Kämpfe kriegt man irgendwelche Leute vorgesetzt und hat dann spektakuläre Siege über Gegner, die eigentlich gar nichts können. Und das finde ich alles ein bisschen – klingt jetzt sehr fies – verlogen. Und dann rühmen sich viele irgendwie mit einer tollen Kampfbilanz und haben aber in der ersten Zeit nur gegen viel schwächere Gegner geboxt. Das ist irgendwie nicht so richtig meins«. Natürlich hat Nadine Apetz hin und wieder darüber nachgedacht, wie es gewesen wäre, wenn sie früher mit dem olympischen Boxen angefangen hätte beziehungsweise wenn sie früher in den Profibereich gewechselt wäre. »Aber ich glaube, dann hätte ich vielleicht auch früher die Puste verloren und hätte früher aufgehört. Ich wäre eventuell schon ausgebrannt gewesen und hätte das jetzt gar nicht so lange gemacht.«

Trotz aller Kritik sieht sie Boxen aber nicht als einen schmutzigen Sport. »Natürlich ist der Boxsport ein Sport, der immer subjektiv bewertet wird, und da ist natürlich immer Raum sowohl für Korruption als auch für menschliches Versagen«, sagt Nadine Apetz. Würde ein Schiedsrichter beispielsweise immer im entscheidenden Moment weggucken, könne nur ein falsches Ergebnis dabei herauskommen. »Es wäre natürlich wesentlich angenehmer, wenn es genauso einfach wäre wie beim Sprint. Man misst die Zeit, wer der Schnellste ist, ist der Schnellste, und es steht auf der Uhr und alles ist gut.« Das ist im Boxen aber so nun einmal nicht möglich. »Es hat viele Momente gegeben, wo ich deswegen enttäuscht war, weil ich öfter das Gefühl hatte, es war ungerecht«, erzählt Nadine Apetz. Im Boxsport brauchte man daher ein dickes Fell, denn eine Fehlentscheidung kann jeden treffen. »Und sei es nur, dass die Ringrichter irgendwie den Boxstil des anderen Boxers ein bisschen attraktiver fanden.« Sie erzählt, dass sie bei der EM 2018 zum Beispiel im Halbfinale gegen eine Russin boxte und eigentlich das Gefühl hatte, dass sie genug gemacht hätte, um zu gewinnen. Aber sie verlor den Kampf. Bei der WM im selben Jahr trafen sie erneut aufeinander. Dieses Mal gewann Nadine

Apetz: »Und das ist natürlich dann das absolut beste Gefühl«, sagt sie, wenn man auf einen Angstgegner treffe und dann einen Sieg einfahre. Und bei Weitem nicht jede Niederlage liege am Ringrichter. »Das muss man natürlich auch lernen. Da gibt es auch einige, die den Fehler halt immer bei anderen suchen. Das darf man natürlich nicht.«

Talent versus Fleiß – Was entscheidet den Erfolg?

»Ich habe tatsächlich schon einige Athleten oder Boxer gesehen, die große Talente waren«, sagt Nadine Apetz, doch ohne Fleiß gehe das Talent schnell verloren. »Andererseits habe ich auch Leute gesehen, die auch eher spät angefangen haben oder vielleicht am Anfang nicht so gut waren, aber sich dann den Hintern aufgerissen und es dann doch noch einigermaßen zu etwas gebracht haben«, erzählt die Boxerin. »Wenn man jemanden hat, der talentiert ist und hart arbeitet, ist das natürlich die beste Voraussetzung.« Sie glaubt aber, »dass man mit Fleiß sehr, sehr, sehr viel aufholen kann. Und genauso gut ist Talent kein Garant dafür, dass man es zu etwas bringt.«

Im Sport gibt es immer wieder Momente, in denen Athleten an sich und ihren Fähigkeiten zweifeln. »Und die habe ich natürlich auch ganz oft«, sagt Nadine Apetz. Wenn sie es dann trotzdem schafft, dann sei das eines der größten Glücksgefühle. »Und dass ich trotz der Zweifel, die ich habe, einfach imstande bin, Leistung zu bringen und abzurufen, das ist auch immer eine super Bestätigung für mich als Athletin.« Das gute Verhältnis zum Trainer ist dabei wichtig. Neben Fachkenntnissen müssen Trainer planen können, Einfühlungsvermögen und Geduld mitbringen, quasi alles sein »vom Planer über Psychiater bis hin zu Fitnesstrainer«. Der Trainer muss, »sich natürlich von mir auch einiges anhören, in guten wie in schlechten Zeiten«.

Neben Talent, Fleiß, dem Ankämpfen gegen mögliche Selbstzweifel und einem guten Trainer, ist für Sportler auch das weitere Unterstützernetzwerk wichtig. Für die Boxerin sind das ihre Mutter und ihr Bruder. Beide sind zeitgleich Vorbilder für die Sportlerin. »Die fragen nach und sind immer sehr interessiert und freuen sich natürlich, wenn ich Erfolg habe, und sie sind immer da, wenn es mal nicht so gut lief«, erzählt die gebürtige Haanerin. Und dann hat sie in ihrer Trainingsgruppe eine sehr gute Freundin, die auch Teil der Nationalmannschaft ist. »Und wir haben uns ziemlich gesucht und gefunden. Und das gibt mir auch ganz, ganz, ganz viel Rückhalt, dass man sich quasi auf Augenhöhe austauschen kann, weil beide das Gleiche durchmachen.« Selbst international gebe es im Boxsport ein großes Miteinander. »Ich habe auch internationale Mädels, die man auf den Wettkämpfen immer wieder trifft. Und da hat sich auch so eine Art Freundschaft entwickelt.«

Kurz vorm Karriereende: Coronakrise statt Olympia

2020 stand eigentlich der letzte große, sportliche Höhepunkt für die Boxerin im Kalender, doch Covid-19 hat den Olympia- und Promotionsplänen von Nadine Apetz einen Strich durch die Rechnung gemacht: So wurden die Qualifikationskämpfe für Olympia in London plötzlich wegen steigender Fallzahlen unterbrochen – ein Sieg fehlte der Sportlerin da noch und die Olympiateilnahme wäre sicher gewesen. »Also kurz vor der Zielgeraden«, sagt sie. Auch das Training in der Halle war plötzlich von hundert auf null geschrumpft. Das war natürlich frustrierend für die Boxerin. Olympia wurde verschoben und an das geplante Aufhören 2020 war für die ambitionierte Athletin damit nicht mehr zu denken. Dafür habe sie seit 2016 bereits zu viel in das Training investiert, sagt Nadine Apetz. »Wenn ich jetzt einfach so kurz vor Schluss sagen würde: Ja, okay, dann halt nicht. Also das stand eigentlich nicht zur Debatte.« Die schlechten Nachrichten rissen aber nicht ab: Im Herbst 2020 steckte sich das gesamte Team inklusive Nadine Apetz zu allem Überfluss im Trainingslager in Österreich trotz Tests auch noch mit dem Virus an.

Die Unsicherheit des Trainings und der Wettkampfplanung beschreibt die Sportlerin als nervenaufreibend, denn das Training ist ganz gezielt auf ein Datum ausgerichtet. Grundsätzlich ist Olympia für Sportler oft mit nervenzehrenden Überraschungen verbunden. »Das finde ich ja bei den Olympischen Spielen immer so faszinierend: Man bereitet sich viereinhalb Jahre darauf vor, ohne zu wissen, ob man überhaupt hindarf. Und wenn man dann hindarf, weiß man ja noch gar nicht, ob man eine Medaille gewinnt«, sagt Nadine Apetz. Tatsächlich hat sie es zu den verschobenen Olympischen Spielen geschafft und ist damit die erste deutsche Frau, die sich für das olympische Boxen qualifiziert hat. Leider aber verlor sie den ersten Kampf und konnte somit keine Medaille mit nach Hause bringen.

Man arbeite sich als Sportler also über die Jahre »von Höhepunkt zu Höhepunkt und probiert natürlich immer, oben mit dabei zu sein«. Der genaue Trainingsplan für die großen internationalen Wettkämpfe wird von den Bundestrainern vorgegeben. »Ich habe da, was die Trainingsinhalte angeht, vielleicht ein kleines Mitspracherecht hier und da, aber im Großen und Ganzen erledigen das die Leute, die dafür ausgebildet sind.«

Neben der rein körperlichen Vorbereitung gibt es auch eine mentale Betreuung für die Sportlerin. Hin und wieder bedarf es der Erinnerung, warum sie überhaupt mit dem olympischen Boxen angefangen hat, dass es trotz Leistungsdruck immer noch Spaß machen soll »und man sich nicht zu viel Druck machen darf«. Vor dem Wettkampf ist das besonders wichtig: »Was das Mentale angeht, versuche ich relativ lange nicht zu sehr an den eigentlichen Wettkampf zu denken, versuche relativ lange nicht aufgeregt zu sein, weil mich das körperlich und mental belastet.« Oft kann sie dann nicht richtig essen. Für Nadine Apetz ist es wichtig, eine gute Balance zwischen Ablenkung und absolutem Fokus beim Training zu finden. Sie muss sich dabei auch einmal den Kopf vom Sport frei machen. Im Trainingslager ist das nicht immer ganz einfach. Humor und Lachen seien hilfreich, sagt sie.

Wenn sie jemand ausbremst, dann ist das Nadine Apetz selbst. »Mein Trainer, der glaubt eigentlich uneingeschränkt an mich«, sagt sie. Wenn sie wieder einmal aufgeregt ist, »muss er mir dann immer gut zureden und ich muss mich darauf besinnen, was ich eigentlich alles geleistet habe und wen ich schon geschlagen habe«. Auch Routinen – und ein bisschen Aberglaube – können bei Nervosität helfen. Das kennt man zum Beispiel vom Theater: Da ist es verboten, hinter der Bühne zu pfeifen, weil es angeblich Unglück bringt. Tatsächlich hängt es aber damit zusammen, dass die Bühnenbauten früher per Hand und mit Seilen bewegt wurden und sich die Bühnenmitarbeiter per Pfeifen verständigten. Ein falscher Pfiff des Schauspielers konnte da tatsächlich ein Unglück bedeuten. Sportler haben oft ähnliche Routinen entwickelt, die Glück bringen sollen oder kurz vor dem Auftritt schlichtweg beruhigen. »Es ist zum Beispiel so, dass ich immer zuerst den linken Handschuh anziehen möchte und auch die linke Bandage zuerst zumache. Das ist die richtige Reihenfolge!«, sagt sie mit energischem Kopfnicken und zögerlichem Lachen.

Sportliche Schlüsselfähigkeiten für den Erfolg

Boxen ist ein ganzheitlicher Sport, bei dem mentale und körperliche Fitness eine wichtige Rolle spielen: Beinstellung, Schlagkraft, Hebelwirkung – es gibt viele Rädchen und Stellschrauben, an denen gedreht werden kann, um die Performance zu verbessern. »Das hat mich auch an dem Sport so fasziniert, weil er einfach so viele Facetten hat. Man muss schnell sein, man muss geschickt sein und muss technisch-taktisch stark sein. Kräftig zu sein schadet auch nicht«, sagt Nadine Apetz. Das spiegelt sich auch im Training. »Laufen, Krafttraining, all diese Sachen spielen halt zusammen. Und natürlich geht nicht jeder Boxer gerne laufen oder macht gerne Krafttraining, aber das ist doch ein sehr, sehr ganzheitlicher Ansatz, den wir da haben.« Durch die Vielseitigkeit wird das Training für die Boxerin auch nie langweilig.

Doch arbeitet die Athletin dabei mehr an ihren Stärken oder an ihren Schwächen? »Ich glaube ja, die Stärken kommen von alleine, also die rufe ich sowieso ab, weil ich gut darin bin. Und die Schwächen versuche ich dann natürlich gezielt in einer ruhigen Minute zu trainieren, in der man eben nicht irgendwie unter Druck ist«, sagt Nadine Apetz. Sie probiert neue Dinge zum Beispiel nicht beim Sparring aus. »Da muss man sich verteidigen können.« Andererseits kann es auch eine gute Möglichkeit sein, die Schwächen gezielt in Partnerübungen zu trainieren und zu verbessern. »Das macht nicht immer Spaß, weil es halt nicht immer klappt.«

An den Schwächen zu arbeiten kann auch einen psychologischen Effekt haben, da sich hier schneller Erfolge einstellen können als bei der Arbeit an Stärken. Als Boxer muss man sich zudem an seine Gegner und deren Können anpassen. »Und dazu muss ich so viele Elemente wie möglich im Baukasten haben, aus denen ich dann je nach Gegner schöpfen kann.« Wenn eine Boxerin irgendetwas nicht kann, dann wird sie diese Bewegung oder Taktik vermeiden. »Aber dann kommt bestimmt irgendwann der eine Gegner, wo ich das auf jeden Fall brauche, und dann habe ich definitiv mehr Erfolg, wenn ich mich vorher darauf vorbereitet habe. Und deswegen würde ich sagen, dass es eine ganz, ganz schlechte Idee ist, Schwächen zu vernachlässigen.«

Vor einem Wettkampf schaue man sich die Gegnerin mit ihren Schwächen und Stärken gezielt an, sagt Nadine Apetz. Viele der guten Boxerinnen kennt sie aber ohnehin von anderen Wettkämpfen. »Und dann stellt man sich mit dem Trainer natürlich vorher auf eine gewisse Taktik ein.« Eine ihrer Gegnerinnen war zum Beispiel sehr abwartend, hat aber immer dann gekontert, wenn Nadine Apetz zum Angriff übergegangen ist. Nadine Apetz' Taktik: stärker antäuschen, sodass die Gegnerin beim wirklichen Angriff nicht schnell genug kontern kann. Eine andere Gegnerin rannte viel nach vorne, »und da habe ich dann halt eher im Rückwärtsgang gearbeitet und versucht, kurz auszulassen und dann gegenzugehen. So stellt man sich dann auf jeden Stil ein«, erzählt die Sportlerin aus der Praxis. Bei Wettkämpfen ist dennoch immer die Frage, ob man tatsächlich direkt in der ersten Runde einen starken Gegner haben möchte, denn oft dauert es für Sportler ein wenig, bis sie in das Turnier hineinfinden. »Und dann ist es natürlich besser, wenn man da nicht gleich die Weltmeisterin vor die Fäuste bekommt. Aber andererseits, wenn man die Beste sein will, muss man natürlich auch die Besten schlagen«, sagt Nadine Apetz.

Trotz ausgeklügelter Taktik endet ein Kampf nicht immer mit dem Sieg. Mit Niederlagen müssen Sportler entsprechend umgehen können. Dabei komme es sehr stark auf die Art der Niederlage an, sagt Nadine Apetz. »Es gibt die Niederlage, wo man in dem Moment einfach die schlechtere Boxerin war. Und es gibt Niederlagen, wo man aus irgendwelchen Gründen die Leistung, die man eigentlich bringen kann, nicht abrufen konnte«, sagt sie. »Mit Ersterem kann ich, glaube ich, ganz gut leben, wenn ich merke, mein Repertoire reicht einfach für die Gegnerin nicht aus. Ich bin noch nicht gut genug. Dann ist das in Ordnung.« Sei man als Sportlerin aber nicht in der Lage, das eigene Können abzurufen, sehe das schon anders aus. »Dann dauert es eventuell auch noch ein bisschen länger, bis man das verkraftet hat.«

Nicht frühzeitig aufzugeben sei eine der wichtigsten Lehren, nicht nur aus dem Boxen, sondern dem Leistungssport generell, sagt Nadine Apetz. Das heißt auch dann weiterzumachen, wenn es beim ersten Mal vielleicht nicht klappt oder man verliert. Darüber hinaus gibt es Schlüsselfähigkeiten, von denen auch Nichtsportler lernen können: Disziplin und Pünktlichkeit beispielsweise, ebenso wie der Teamgeist. »Ich glaube schon, dass Boxer oder auch allgemein Leistungssportler für einen späteren Lebensweg ganz gut gewappnet sind«, sagt sie. So steht für Nadine Apetz nach Olympia und Fertigstellung der Doktorarbeit die Jobsuche an. Nicht aufzugeben und aus gemachten Fehlern zu lernen und es besser zu machen, dürfte da sehr hilfreich sein. Dem Sport will sie auch nach Karriereende treu bleiben – vielleicht auch dem Boxsport. »Ich glaube nicht, dass ich sofort meine Handschuhe und meine Boxstiefel an den Nagel hängen werde«, sagt sie mit einem Lächeln. »Ich habe genug Zeit und Schweiß investiert und das soll natürlich nicht nur Schall und Rauch gewesen sein.«

3.3 Laura Philipp: Die Komfortzone zu verlassen ist die Belohnung

Ich trage eigentlich keine Hüte, aber für Laura Philipp würde ich mir gleich drei Hüte kaufen, nur um diese dann vor ihr zu ziehen. Ich habe eine wahnsinnige Hochachtung vor jedem Sportler und der Leistung, die sie tagtäglich abrufen, davor, wie sie ihren Körper Tag für Tag schinden, ihren Geist fordern und konsequent ihre Ziele verfolgen. Triathletin Laura Philipp nimmt da einen besonderen Platz ein.

Triathlon gehört wahrlich nicht zu den medialen Sportarten. Richtig in den Fokus rückt Triathlon nur einmal im Jahr, wenn der berühmte Ironman auf Hawaii im Kalender steht. Gibt man bei Google

»Ironman« ein, landet man erst einmal beim Avengers-Helden Tony Stark, gespielt von Robert Downey Jr., zugegeben auch ein ziemlich starker Typ. Er ist unverwundbar, schnell und fliegt durch die Luft. So ähnlich ist der echte Ironman auf Hawaii auch: Wer da mitmacht, der muss ein starker Typ sein. Erst 3,86 Kilometer Schwimmen, dann 180,2 Kilometer Fahrradfahren und zum Abschluss 42,195 Kilometer Laufen – und das in der glühenden Sonne Hawaiis. Wo viele Ehepaare träumen, ihre Silberhochzeit zu verbringen, da schwimmt, fährt und läuft Laura Philipp.

Meine Freundin Annika Zimmermann ist jährlich als Fernsehmoderatorin vor Ort und hat mir vor Jahren aus Hawaii einen Talisman geschenkt. Auf dem steht »ohana«, was so viel heißt wie Familie, und das bedeutet: Niemand wird vergessen oder bleibt zurück. Ich glaube, das ist ein guter Begriff für Laura und ihren Mann Philipp Seipp, der auch gleichzeitig ihr Trainer und Manager ist. Von beiden kam sofort eine Einladung zu ihnen nach Hause. Ihr Hund begrüßte mich an der Tür und wie bei Freunden fand ich mich in der offenen Küche wieder. Wir tranken Kaffee, philosophierten über die unterschiedlichen Kaffeearten und warum Kuchen für Laura Philipp eine sehr wichtige Bedeutung hat.

Obwohl ich beeindruckt bin über die Leistung und den Menschen Laura Philipp, bin ich auch etwas nachdenklich, als ich wieder wegfahre. Der Gedanke, dass Sportler wie Laura dauerhaft auf der Suche nach Sponsoren und Unterstützern sind und es dennoch schaffen, sich immer wieder zu fokussieren und zu motivieren, verdient unser aller Respekt.

Triathlon-Karriere beginnt als Spätstarter

Der Sport kam relativ spät in Laura Philipps Leben: Mit Schwimmen, Radfahren und Laufen hatte sie als Kind zunächst nichts am Hut. Aufgewachsen auf dem Land verbrachte sie zwar viel Zeit draußen an der frischen Luft, Vereins- oder gar Leistungssport betrieb sie jedoch nicht. Das änderte sich mit einem Kletterkurs und der Mitgliedschaft im Deutschen Alpenverein. Laura Philipp entdeckte ihre Leidenschaft für Sport (»www.lauraphilipp.de«). »Klettern ist in meinen Augen eine der vielseitigsten Sportarten und erfordert extremen Fokus auf die Bewegung und jeden einzelnen Griff«, sagt Laura Philipp. Klettern braucht Konzentration, Ausdauer Beweglichkeit und Schwindelfreiheit. Und das schult den Körper.

Sport und sportlicher Erfolg lösen bekanntermaßen im Körper Glückshormone aus und in Laura Philipp erwachte dank des Kletterns der sportliche Ehrgeiz. Etwa zeitgleich entdeckte sie den Radsport – aus ganz praktischen Gründen: Die Schule lag dreißig Kilometer von ihrem Zuhause entfernt und mit Bus und Bahn dauerte es wegen der Wartezeiten einfach zu lange. Mit ein wenig Training war Laura Philipp mit dem Fahrrad schneller. Sechzig Kilometer pro Tag. Das legte eine gute Basis für den späteren Spitzensport. Und statt mit dem Hund einfach nur spazieren zu gehen, ging sie mit ihm laufen.

Anders als für viele professionelle Leistungssportler, für die der Sport seit Kindheit an erster Stelle stand und die sich später Gedanken machen müssen, was nach der Sportkarriere kommt, kam für Laura Philipp der normale Beruf vor dem Spitzensport. Nach der Schule machte sie eine Ausbildung zur Physiotherapeutin, etwa zeitgleich begann sie mit dem Schwimmen und lief bei Wettkämpfen. 2011 folgte der erste Triathlon, den sie trotz eines Sturzes mit dem Fahrrad direkt gewann. Das war Motivation genug, weiterzumachen. »Im Jahr 2012 habe ich dann als Physiotherapeutin zufällig die Managerin eines Profi-Triathlon-Teams behandelt und fand es total aufregend, was die so erzählt hat.« Laura Philipp erzählte von ihren eigenen Sportambitionen und die Managerin lud sie ein, gemeinsam Rad zu fahren. »Auf dieser Radtour habe ich durch meine Leistung so beeindruckt, dass sie mir dann direkt im nächsten Jahr einen Vertrag angeboten hat, um in ein Perspektivteam aufgenommen zu werden.«

Laura Philipp hat es sich zum Lebensmotto gemacht, mutig zu sein und Dinge auszuprobieren – wie die spontane Radtour mit einer Sportmanagerin. Das bedeutet »eben auch einmal in Kauf zu nehmen, dass nicht immer alles, was man ausprobiert, dann auch super funktioniert. Ich hätte eben auch in Kauf genommen, dass ich vielleicht beim Schwimmen versage oder mich total blamiere«. Sie sagt, die Angst vor der Blamage halte viele davon ab, Dinge auszuprobieren, in denen sie vielleicht gut sind. Laura Philipp hat sich davon nie abschrecken lassen und das zahlte sich aus. »Das ist für mich auch ein Stück weit ein Talent, diese Offenheit, Dinge auszuprobieren und daneben herauszufinden, was einem vielleicht leichter- oder schwererfällt«, sagt die Triathletin. Dass die Karriere im Triathlon nicht durch Druck aus dem Elternhaus entstand, sondern später aus ihr selbst heraus, sieht Laura Philipp heute als eine ihrer großen Stärken. »Ich glaube, wenn man etwas findet, was einem Spaß macht, dann ist es ja schwieriger, jemanden davon abzuhalten, als ihn zu motivieren. Dann kommt das so von selbst.«

Laura Philipp betrieb den Sport zunehmend professionell und fand dabei die Unterstützung ihres Mannes Philipp Seipp, der gleichzeitig ihr Trainer ist. Neben dem Training arbeitete sie zunächst weiterhin Vollzeit, durch die zwei Jahre beim Perspektivteam und den direkten Kontakt mit Profisportlern wuchs jedoch schließlich der Wunsch, selbst Profisport zu betreiben, zumal Laura Philipp bei Wettkämpfen stets über sich hinauswuchs: »Ich hatte immer das Gefühl, dort besser zu sein als im Training. Gerade die mentale Stärke, so ein Rennen durchziehen, das war für mich nie ein Thema, das habe ich irgendwie mitgebracht und das hat sich dann natürlich auch sehr schnell im Rennen ausgezahlt.« 2013 startete sie erstmals auf der Mitteldistanz, nachdem sie sich zuvor auf Kurzdistanzrennen konzentriert hatte. Im Juni 2014 wurde sie Deutsche Vizemeisterin auf der Mitteldistanz und wurde als beste Deutsche Dritte bei der Ironman 70.3 European Championship.

»Nach zwei Jahren waren die Ergebnisse so gut, dass ich dann von dem Sponsor eben das Angebot bekommen habe, ins Profiteam zu kommen. Das war für mich das erste Mal, dass ich mich mit der Frage konfrontiert gesehen habe: Möchte ich jetzt wirklich noch normal arbeiten oder einfach mal versuchen, alles auf den Sport zu setzen?« Dass sie jederzeit in den alten Beruf hätte zurückkehren können, machte die Entscheidung etwas leichter, das sichere Einkommen für eine unsichere Karriere im Spitzensport aufzugeben. Auch kam ihr der eigene Mut in der Situation erneut gelegen. »Ich denke nicht so viel über Zukunft, Sicherheit und so weiter nach, sondern ich möchte vor allem im Hier und Jetzt glücklich sein und Dinge ausprobieren, die mir Spaß machen, und deswegen bin ich diesen Schritt gegangen«, erzählt sie. Erstmals war sie im Sport mit einem echten

Leistungsdruck konfrontiert, da sie jetzt auch finanziell von den Erfolgen abhängig war. »Viele im Profisport sind doch voll im Hintergrund finanziert durch Ehepartner, Familie und so weiter.« Das kam für sie nicht infrage.

Für Laura Philipp war es ein »Geschenk«, dass sie ihre Leidenschaft für den Sport zum Beruf machen konnte. Die Freude an dem, was sie tut, ist für die Sportlerin ein extrem wichtiger Punkt. »Ich würde sehr traurig sein, wenn ich irgendwas machen müsste, wo ich einfach keine Freude finden würde«, sagt sie. Dann würde auch der Antrieb fehlen. Sie ist sich aber auch bewusst: »Jeder, der mit Sport sein Geld verdient, der muss sich sehr glücklich schätzen, auch wenn es natürlich nicht immer leicht ist.« Der eigene Chef zu sein, das bringt eine Menge Eigenverantwortung mit sich: »Ich bin eben auch zu hundert Prozent verantwortlich für meine Gesundheit und meine Leistung.«

Der Wechsel in den Profisport war die beste Entscheidung ihres Lebens, »weil ich einfach auch selbst so daran gewachsen bin«. So handelt sie selbst ihre Sponsorenverträge aus. »Sich selbst finanziell als Selbstständiger auf gute Beine zu stellen, das ist ein Prozess, da wächst man dran, allein das Selbstbewusstsein, mit anderen Menschen umzugehen«, sagt die Triathletin. »Ich finde das ein Riesengeschenk, dass ich mich so viel mit mir selbst beschäftigen darf und an meiner Entwicklung arbeiten kann.«

Natürlich bleibt die Frage nicht aus, ob sie vielleicht am Anfang der Profikarriere – unerfahren wie sie war – etwas anders hätte machen können. Statt mit Profis zu arbeiten, hat sie viel ausprobiert und Youtube-Videos geguckt. »Auf der anderen Seite war das irgendwie auch ein cooler Prozess«, sagt Triathletin Laura Philipp. Natürlich hätte sie gerne die eine oder andere Verletzung vermieden, aber: »Ich glaube, ich würde das alles genauso wieder machen.« Die Zeit, bis sie schließlich für den Ironman auf Hawaii bereit war, sieht die Sportlerin als einen Reifungsprozess. Und tatsächlich hat sie kontinuierlich ihre sportliche Leistung verbessert: Im Mai 2016 gewann Laura Philipp auf Mallorca ihren ersten Ironman 70.3, zwei Wochen später folgte der nächste Sieg in Österreich. Im Juni gewann sie auch die deutsche Meisterschaft auf der Triathlon-Mitteldistanz, die wegen Witterungsbedingungen allerdings als Duathlon aus Laufen und Radfahren ausgetragen werden musste.

Der Erfolg setzte sich für Laura Philipp auch in den Folgejahren fort. Bei der Ironman 70.3 World Championship im September 2017 belegte sie den dritten Platz und gewann im Oktober die gleiche Platzierung bei der Xterra Weltmeisterschaft im Cross-Triathlon. Im Mai 2018 stellte sie beim Ironman 70.3 Austria einen neuen Streckenrekord auf und gewann ihn zum dritten Mal in Folge. 2018 startete die Sportlerin auch erstmals auf der Ironman-Distanz, gewann direkt den Ironman Barcelona und stellte gleich vier Bestzeiten auf: einen neuen Streckenrekord, die neue Bestzeit einer deutschen Athletin, die weltweit siebtbeste Zeit einer Frau auf Ironman-Distanz und die schnellste Zeit für ein Ironman-Debüt.

Nach einer Verletzung bei der Challenge Heilbronn allerdings musste Laura Philipp 2019 zunächst eine Zwangspause einlegen. Im Oktober beim berühmten Ironman Hawaii war sie wieder in Form und belegte mit der schnellsten Zeit im Radfahren den vierten Rang. Anfang 2020 verließ Laura Philipp nach acht Jahren das Team Erdinger Alkoholfrei, sie startet seitdem für das hep Sports Team und belegt bei der Professional Triathletes Organisation (PTO) World Championship den dritten Platz. Damit ist Laura Philipp endgültig an der Weltspitze angekommen.

Wer Erfolg haben will, muss die eigene Komfortzone verlassen

So weit vorne zu landen wie irgendwie möglich ist Laura Philipps größte Motivationsquelle, darüber hinaus sind bestimmte Ziele wichtig: »Ohne Ziele ist es sehr schwer, ständig diese Motivation aufzubringen, sich immer zu verbessern, an Schwächen zu arbeiten und vor allem harte Einheiten durchzuziehen«, sagt sie. Gerade wenn es hart ist, stelle man sich schnell die Frage: »Warum mache ich das hier eigentlich?« Wer aber ein Ziel formuliere, »hat diese Frage eigentlich schon beantwortet«, sagt die Sportlerin. Es bleibt als weitere Frage, wie viel man bereit ist, für die Erreichung dieses Ziels zu tun.

Gerade im Triathlon ist es schwer, für alle Fälle zu planen, da im Wettkampf oft ganz unvorhersehbare Dinge geschehen, die die Performance des Sportlers beeinflussen können. »Selbst wenn ich die perfekte Vorbereitung hatte und superfit bin, kann ich trotzdem eventuell nicht gewinnen, weil ich plötzlich Beschwerden bekomme: Ich habe einen Platten oder meine Kette ist gerissen«, erzählt die Triathletin. Der Sieg allein könne daher nicht das Ziel sein. Beispiel Hawaii: »Es gibt sehr wenige Menschen, die das Rennen gewinnen können, und würde ich jetzt alles nur auf das Erreichen dieses Ziels ausrichten, würde mir, glaube ich, vielleicht sogar im Alltag ein Stück die Motivation fehlen.« Träumen könne man natürlich vom Sieg, aber Laura Philipps Kernziel ist es, jeden Tag ein bisschen besser zu werden. »Ich möchte in jeder Trainingswoche Einheiten haben, wo ich weiß, die verbessern mich.« Beim Radfahren zum Beispiel bedeutet das, jede Woche den Grad etwas zu steigern. Über die Jahre hat Laura Philipp herausgefunden, dass sie – wie sie es nennt – ein »kompetitives Gen« hat . »Ich weiß einfach, dass ich mich nach wie vor in allen drei Disziplinen verbessern kann, und ich weiß auch, dass ich jetzt zum Beispiel gerade im Radfahren und Laufen schon Weltspitzenniveau habe.« Im Schwimmen sei das anders. Hier sieht die Sportlerin das größte Potenzial, sich zu verbessern. Laura Philipp sagt, man habe »so ein Gefühl für das Potenzial, was man in sich trägt. [...] Das auszuschöpfen ist das, was vorantreibt und eben auch motiviert, immer wieder die Komfortzone zu verlassen, wenn man weiß, da geht noch mehr«.

Jeder Mensch hat nämlich eine bestimmte Komfortzone, »in der wir uns wohlfühlen, in der alles gut funktioniert und wir uns geborgen fühlen, wo wir das Gefühl haben, das beherrschen wir einfach sicher«, sagt Laura Philipp. Aus dieser Komfortzone oder Blase herauszutreten sei die größte Herausforderung, erzählt sie über die eigene Erfahrung. Wer sich aber als Sportler nur in seiner Komfortzone bewegt oder nur diejenigen Bewegungsmuster macht, die er oder sie gut beherrscht, kann sich nicht verbessern – gerade im Leistungssport ist die Bereitschaft wichtig, sich extremen Situationen zu stellen. Die Anforderungen des Ironmans sind da sicherlich das beste Beispiel. Den zu gewinnen war Laura Philipps großer Traum.

Läuft es dann beim Wettkampf einmal nicht so wie geplant, dann müsse man in der Lage sein, am Ende des Tages einen Strich darunter zu ziehen und trotzdem glücklich zu sein. »Ich muss für mich auch ein Stück weit Zwischenstepps einbauen, Ziele, die im Bereich des Möglichen liegen, dass ich, wenn ich sie erreiche, zufrieden sein kann«, ist Laura Philipps Tipp. »Diese Chance, so viel an sich selbst zu arbeiten und da sozusagen nach Perfektion zu streben, allein der Prozess ist schon so unendlich wertvoll.«

Selbst im Einzelsport beruht der Erfolg auf Teamwork

Wichtig für den Erfolg ist ein gutes Team, das »ehrlich reflektierend, beratend« zur Seite steht und entsprechenden Input gibt, Menschen, die an einen glauben, auch wenn es sportlich einmal nicht so gut läuft und man an sich selbst zweifelt. »Weil andere glauben, dass man es schaffen kann, gibt das ein Stück weit dann so eine Fremdenergie.« Das gilt auch für die Fans und die Unterstützung, die Laura Philipp beispielsweise über Social Media erfährt: Auch das gebe Energie, um über sich hinauszuwachsen. Wenn sie beispielsweise über harte Trainingsarbeit postet, dann bekommt sie oft fünfzig oder mehr Kommentare. »Ich meine, wo kriegt man das sonst? Also das finde ich schon genial an dem Sport«, sagt Laura Philipp.

Die größte Unterstützung bekommt die Sportlerin aber von ihrem Mann Philipp. »Ich habe das Glück, dass er mich begleitet und auch dabei sein kann«, sagt sie über die private und professionelle Beziehung. Philipp hat seinen Beamtenstatus als Lehrer aufgegeben und alles auf das Coaching seiner Partnerin gesetzt. »Das gibt uns die Möglichkeit, viele Dinge gemeinsam zu machen«, sagt Laura Philipp. »Wir haben halt auch herausgefunden, dass es für meine Leistung extrem wichtig ist, dass er vor Ort ist«, auch wenn sie viele Dinge alleine regelt: Sie ist sehr strukturiert und braucht daher keine ständige Ermahnung an den Trainingsplan. Sie hat intuitiv ein gutes Gefühl für den Körper und isst gerne Lebensmittel, die zufälligerweise auch gesund sind. »Deswegen fällt es mir nicht besonders schwer, irgendwie auf gesunde Ernährung zu achten. Mein Körper sagt mir schon selber, auf was er Bock hat.« Und wenn das einmal ungesund ist, sei das auch nicht schlimm: »Da sage ich immer, 80/20: Solange achtzig Prozent gesund sind, darfst du auch zwanzig Prozent – keine Ahnung – Kuchen essen. Dann ist es eben für deine Seele.«

Laura Philipp nennt ihren Mann nicht nur ihren Trainer, sondern auch ihren persönlichen »Bremser«, nach dem Motto: »Ich brems dich fit.« Das klingt im Spitzensport vielleicht erst einmal seltsam oder ungewöhnlich, da viele Nichtsportler den Trainer eher in einer Rolle sehen, in der er antreibt, motiviert und anspornt. »Du musst die Laura wieder einbremsen, weil Gas geben tut sie halt von sich aus sehr gerne«, sagt Laura Philipp über die Aufgabe ihres Mannes. »Ich glaub, das ist nicht immer so einfach für ihn, aber da haben wir mittlerweile, glaube ich, einen guten Weg entwickelt. Ich glaube, dass ich auch so schnell so gut werden konnte, weil ich so direkt mit ihm an meiner Leistung arbeiten konnte und so viel Feedback bekommen habe und er so nah dran war.«

Vom Spitzensport lernen – die Freude daran, sich weiterzuentwickeln

Für den internationalen Erfolg sind also auch Einzelsportler auf die Unterstützung eines Partners oder Teams angewiesen. »Es ist einfach schön zu sehen, was andere für Ideen haben und was man daraus machen kann – auch für sich selbst.« Das lässt sich auch auf andere Lebensbereiche wie die Wirtschaft übertragen.

Doch gibt es darüber noch andere Faktoren des Spitzensports, die für Unternehmen einen positiven Effekt haben? »Diese Freude oder Motivation, sich weiterzuentwickeln«, nennt Laura Philipp als einen wichtigen Faktor, das Streben und die Freude daran, sich stetig zu verbessern. »Es ist für jeden Job förderlich, dass man sich nicht mit dem zufriedengibt, was man gerade hat.« Auch wenn man Freude an einer Tätigkeit hat, sollte man offen sein, sich in anderen Bereichen zu verbessern. Als Beispiel nennt die Sportlerin hier die Abläufe in der Firma oder die Kommunikation. Das sei auch eine Einstellungssache, bei der man Mitarbeiter unterstützen und fördern kann – »und nicht einfach nur zu sagen ›Okay, Herr Müller kann das halt einfach nicht‹, sondern das vielleicht auch als eine Herausforderung anzusehen, jemandem etwas beizubringen«.

Ein weiterer Punkt sei die Frage, wie man mit Rückschlägen umgeht, »dass man sich davon eben nicht in die Tiefe Lebenskrise stürzen lässt, sondern das auch als Chance sieht, besser zu werden und nicht aus Angst vor Fehlern Dinge nicht ausprobiert«. Aus Fehlern könne man sehr viel lernen und daher sei es wichtig, »dass man Mitarbeitern nicht Angst macht, dass sie keine Fehler machen dürfen, sondern dass Fehler erwünscht sind«. Und natürlich sei auch Freude an der Arbeit wichtig. Es steigere die Motivation, wenn alle »das Gefühl haben, sie arbeiten jetzt auf das eine Ziel hin und bekommen die Tools, mit denen sie noch besser werden können oder das noch schneller erreichen können«. Im Sport wie im Berufsleben ist es schließlich ein schönes Gefühl, wenn man ein Projekt erfolgreich abschließen kann.

3.4 Sandra Völker: Von anderen Erfolgreichen lernen

Sandra Völker lernte ich über Andrea Kummer kennen, meine Agentin, wenn es um Veranstaltungen und Vorträge geht. Natürlich war mir der Name Sandra Völker bekannt und auch ein Teil ihrer Erfolge, aber ich muss zugeben, dass sie aus meinem Blickwinkel verschwunden war. Wenn mich jemand gefragt hätte: »Weißt du eigentlich was Sandra Völker heute macht?«, dann hätte ich nur achselzuckend dagestanden.

Wer die alten Presseartikel studiert, der wird erfahren, dass Sandra Völker in der Presse immer als die Verlässliche galt. Wenn es eine Medaillengarantie gab, dann war das Sandra Völker. Wenn es aber um Medaillenhoffnung ging, dann war das in der gleichen Epoche Franziska van Almsick. Die beiden trennten gerade einmal vier Jahre – im Sport sind das allerdings Welten.

Als die Idee wuchs, Sandra zu fragen, ob sie in diesem Buch erscheinen möchte, da habe ich begonnen, mich deutlich intensiver mit dem Hier und Jetzt von Sandra Völker zu beschäftigen. Das Wort Privatinsolvenz tauchte dabei unweigerlich auf.

Durch meine Tätigkeit hatte ich bereits oft genug das große Glück, schon einige olympische Medaillen in den Händen zu halten, sei es die Bronzemedaille von Laura Benkarth, die Goldmedaille von Sandra Kiriasis, Silber von Frank Busemann oder auch Bronze von Martin Strobel – bei jeder olympischen Medaille, die ich in den Händen halten durfte, hatte ich automatisch Gänsehaut und war voller Ehrfurcht. Automatisch begann in meinem Kopf ein Szenario: Wie hart, wie intensiv, wie lange müssen diese Sportler dafür trainiert haben ... Im Übrigen sehe ich auf jedem Foto mit einer Medaille aus wie ein Idiot. Und dann lese ich die Schlagzeile, dass Sandra Völker in ihrer Regelinsolvenz ihre über sechzig Medaillen versteigern musste. Der Versteigerungswert lag bei 67.500 Euro, der ideelle Wert aber ist unmessbar. Für mich war das eine schlimme Nachricht, wenn man die Anstrengung bedenkt, die notwendig ist, um überhaupt so eine Medaille zu erhalten. Ich lese aber auch, dass Sandra Völker das tatsächlich anders sieht.

Unsere ersten Gespräche erweisen sich als Glückstreffer. Wir haben viele Gemeinsamkeiten, sei es die gemeinsame Heimatstadt Lübeck oder der Lieblingsstrand in Scharbeutz. Jeder hat drei Kinder, hält Vorträge und coacht, ja sogar bei Themen wie Astrologie, Numerologie und Körpersprache gab es Schnittmengen. Überhaupt ist die Schwimmerin eine Frau, die wahnsinnig reflektierend ist. In einem Gespräch sagt sie: »Hätte ich dich damals gekannt, dann hätte ich dich in mein Team geholt.« Solch eine Aussage von einer der erfolgreichsten Schwimmerinnen in Deutschland: Das war meine Goldmedaille!

Sportskanone mit vielen Interessen und großem Ehrgeiz

Die Liste der internationalen Erfolge sucht ihresgleichen: 1996 gewann Sandra Völker bei den Olympischen Sommerspielen in Atlanta eine Silbermedaille sowie zwei Bronzemedaillen: eine über Fünfzig-Meter-Freistil und eine mit der 4×100-Meter-Freistil-Staffel. Dafür wurde sie nach den Spielen vom Bundespräsidenten mit dem Silbernen Lorbeerblatt ausgezeichnet, der höchsten staatlichen Auszeichnung für sportliche Spitzenleistungen in Deutschland. Insgesamt gewann sie fünfundvierzig Titel bei den deutschen Meisterschaften

und über sechzig Medaillen bei Europa- und Weltmeisterschaften. Sie ist zweifache Weltcup-Gesamtsiegerin und stellte in ihrer Karriere elf Weltrekorde und achtzehn Europarekorde auf. 1997, 1998 und 1999 wurde sie zur Schwimmerin des Jahres gekürt.

Kurze Strecken im Freistil und Rückenschwimmen waren die Spezialdisziplinen von Sandra Völker. Geboren in der Hansestadt Lübeck wuchs die Schwimmerin in Bad Schwartau auf, wo sie zunächst beim VfL Bad Schwartau trainierte, bevor sie Anfang der 1990er nach Hamburg umzog.

Mit dem Sport begann Sandra Völker aus eigenem Antrieb. »Ich habe einfach unfassbar viel Interesse gehabt an Sport und Schwimmen«, erzählt sie. Die Freude am Sport liegt in der Familie: Mütterlicherseits gab es Ruderer und Reiter und väterlicherseits spielten viele Tennis. Das aber interessierte sie nicht, sie war im Wasser zu Hause. »Wasser fand ich schon immer toll«, sagt sie. Neben Schwimmen probierte sie viele andere Sachen aus, Jazzdance, Leichtathletik, Handball und Volleyball zum Beispiel. »Geräteturnen fand ich immer super«, aber dafür wurde sie körperlich schnell zu groß, um wirklich erfolgreich zu sein. »Da hatte ich keine Chance.« Beim Handball wäre die Größe kein Problem gewesen, aber: »Ich bin nicht so ballaffin, natürlich kann ich Bälle werfen und fangen, aber das hat mich irgendwie nie gerockt. Das war mir zu viel Laufen und Ball-aufs-Tor-Werfen. Das hat mich nicht überzeugt.«

Mit etwa zwölf Jahren musste sich gebürtige Lübeckerin entscheiden, welche der vielen Sportarten sie am Ende auch beibehalten und professioneller betreiben wollte. Sie entschied sich für das Schwimmen. »Alles andere musste weichen, weil ich dann fünfmal oder sechsmal die Woche Schwimmtraining hatte – plus Athletiktraining in irgendeiner Form«, erzählt sie. Gerade als Jugendliche kam oft die Frage, ob sie das wirklich machen wolle: Schwimmtraining vor der Schule, auch wenn Prüfungen anstehen. »Bist du bescheuert?«, war da oft die erste Frage. »Es macht doch keiner gerne, steht freiwillig um halb fünf auf. Aber mein erster Ansatz war immer: Ich möchte meine Grenze kennenlernen.«

Der erste große sportliche Auftritt war für Sandra Völker bei den deutschen Jahrgangsmeisterschaften. Sie sagte sich damals: »Das ist jetzt mal mein erstes Ziel, da will ich unbedingt dran teilnehmen, und das hat funktioniert.« Nicht nur das: Bereits bei der ersten Teilnahme wurde sie Zweite. Sie selbst hatte sogar gehofft, direkt zu gewinnen. Dass jemand schneller schwimmen konnte als sie, das konnte sie sich gar nicht vorstellen. »Ich habe das nie infrage gestellt. Ich glaube, das ist eine Fähigkeit von mir gewesen, einfach immer so zu denken: Ich gewinne schon. Weil ich vorher auch immer gewonnen habe, kann ich auch bei den deutschen Meisterschaften gewinnen.« Aber dann gab es eine Konkurrenz aus Köln, die doppelt so viel trainiert hatte wie Sandra Völker – und das bereits drei Jahre länger. »Und gegen die hatte ich natürlich keine Chance. Aber ich fand es schon ziemlich beeindruckend, dass ich mit meinem wenigen Aufwand, also aus heutiger Sicht, Zweite geworden bin. Die anderen haben alle bestimmt sehr viel mehr trainiert als ich und schon sehr viel länger und die haben es nicht geschafft. Insofern war das super.«

Im Alter von sechzehn Jahren wechselte die ambitionierte Schwimmerin an den Hamburger Olympiastützpunkt und setzte sich ein neues Ziel: 1992 wollte sie bei den Olympischen Spielen dabei sein. »Und das hat dann auch funktioniert«, sagt sie, auch wenn sie 1992 lange nicht so erfolgreich war wie später bei den Olympischen Spielen 1996 in Atlanta.

1995, kurz vor der zweiten Olympiateilnahme, hatte Sandra Völker ihren ersten großen Tiefpunkt: Sie schaffte es nicht, sich für die Europameisterschaften zu qualifizieren, und fiel mental in ein Loch.

»Ich habe wirklich das Gefühl gehabt, als hätte ich eine Krebsdiagnose gekriegt, als hätte ich eine schlimme Krankheit und bin jetzt durch das Netz gefallen und habe jetzt gerade freien Flug und ich weiß nicht, wo ich andocken kann«, erzählt sie. »So habe ich mich gefühlt, nur weil ich mich nicht für eine Europameisterschaft qualifiziert habe, die jedes Jahr stattfindet. Das ist krass.« Und dann kamen andere Probleme hinzu: »Dass man dann Alkohol trinkt und raucht. Ich weiß noch, dass ich meine Freundin angerufen habe und der eine Quatschnachricht auf den AB gesprochen habe, weil ich halt Wein getrunken hatte«, erzählt sie. »Und die hat sich total Sorgen gemacht nach dieser Nachricht, weil sie gedacht hat, mir geht es richtig schlecht. Da steckte aber schon so ein wahrer Kern drin. Ich war schon ziemlich verzweifelt und hoffnungslos, weil ich eben gedacht habe, wenn ich mich jetzt nicht mehr qualifiziere und nicht die tolle Sportlerin bin, wer oder was bin ich denn eigentlich?«

Damals habe sie das nicht so reflektiert, das kam erst im Nachhinein in einem späteren Lebensstadium. Rückblickend sieht sie die Niederlage 1995 durchaus positiv: »Das hat mich dann tierisch motiviert, so gut zu sein und wirklich ordentlich zu trainieren und auf mich aufzupassen.« Heute sagt sie: Wäre sie 1995 fünffache Weltmeisterin geworden, hätte sie sich wahrscheinlich für unsterblich gehalten und gedacht: »Mir kann sowieso gar nichts passieren, und ich wäre mit dieser Arroganz durch das Jahr 1996 gegangen und mir wäre alles unterm Arsch weggebrochen und es hätte alles nicht funktioniert. Und so hatte ich die super Steilvorlage.« Aus dem vorangegangenen Misserfolg aber konnte sie neue Stärke schöpfen.

Vier Jahre lang, zwischen 1992 und 1996, kannte Sandra Völker tatsächlich nur dieses eine große Ziel, aber mit ungewissem Ausgang: »Also erst einmal zur Qualifikation, ohne dass ich weiß, ob ich bei den Olympischen Spielen dabei bin. Und wenn ich es geschafft habe, weiß ich noch nicht mal, ob ich eine Medaille bekomme.« Für die Zeit bis zu den Olympischen Spielen gebe es verschiedene Makropläne, um sich entsprechend auf diese zwischendrin stattfindenden Wettkämpfe vorzubereiten: »Jede Europameisterschaft wird im Grunde genommen genauso vorbereitet wie die Olympischen Spiele«, sagt die Sportlerin. Bei Olympia sei der Druck aber bereits bei der Vorbereitung größer. »Die Komponenten, die bei den Olympischen Spielen mit dazukommen, sind halt einfach, gerade was das Mentale angeht, noch mal anspruchsvoller.« Und »jedes Jahr, in dem du den Olympischen Spielen näherkommst, musst du noch fitter sein und musst du noch besser sein als das Jahr davor«. Oft laufe es bei Sportlern aber genau umgekehrt und sie werden Jahr für Jahr schlechter, qualifizieren sich trotzdem und bei den Olympischen Spielen klappt es dann tatsächlich unerwarteterweise mit einem Sieg. Auch das gehöre zum Leben des Leistungssportlers.

Neben dem Sport gebe es noch Tausend andere Sachen, die die Leistung beeinflussen: Schule, Uni, Ausbildung, Beruf oder die Familie. »Da passieren Tausend Sachen im Leben, die alle mit reinspielen. Und auf einmal bin ich eben nicht so gut vorbereitet im olympischen Jahr. Da kann der Plan so toll aussehen, wie er will«, erzählt Sandra Völker. Wenn man dann aber tatsächlich bei Olympia nicht die gewünschte Leistung abzurufen kann, »dann waren die vier Jahre für den Arsch«.

1996 nahm Sandra Völker nicht nur an den Olympischen Spielen teil, sondern gleichzeitig stand auch noch das Abitur an. Sie wusste, dass sie beides zusammen nicht schafft. »Und ich wollte unbedingt die Olympischen Spiele machen, also habe ich mein Abi verschoben«, erzählt die Olympiasiegerin über die schwierige Balance zwischen Privatleben und Sport. »Das hätte auch in die Hose gehen können.«

Cross-over-Training als Basis für den sportlichen Erfolg

Grundlage ihres Schwimmtrainings und damit großen Erfolgs war für Sandra Völker stets ein Cross-over-Training aus verschiedenen Sportarten, um die motorischen Fähigkeiten zu verbessern. Dazu gehörten beispielsweise Lauftraining, Sprungtraining, Jazzdance, Karate, Spinning, Klettern oder Elemente des Balletts. Das gab ihr stets neue körperliche Anreize. Später, ab 2000, setzte die Schwimmerin zudem verstärkt auf das Training ihrer mentalen Stärke, um nicht nur körperlich, sondern auch geistig fit zu sein. Inzwischen ist sie nach eigener Aussage davon überzeugt, dass nur körperliche Disziplin nicht ausreicht, um auf lange Frist erfolgreich zu sein – sei es im Leistungssport oder auch in anderen Berufszweigen. Deshalb hat sie ihr spezielles Training auch nach der Sportkarriere weiter beibehalten.

Heute ist Cross-over-Training nicht mehr neu, aber als Völker mit ihrer Karriere durchstartete, war das noch anders. Die Idee zum Cross-over-Training hatte ursprünglich ihr damaliger Trainer, nachdem die Olympischen Spiele 1992 nicht so gut gelaufen waren wie erhofft. »Wir haben es tatsächlich in absoluter Konsequenz gemacht. Alles nur, damit ich schneller starte, einen besseren Abstoß habe, bessere Beine unter Wasser und einfach kraftvoller durchs Wasser schwimme«, erzählt sie. Dafür hat sie mit Experten aus verschiedenen Sportarten zusammengearbeitet. Begonnen habe ich mit Lauftraining«, erzählt Sandra Völker. Das hatte zunächst einige Tücken, denn wer hartes Lauftraining mit vier, fünf Kilometern Schwimmen kombiniert, ist hinterher völlig erschöpft. »Es funktionierte nicht und deswegen haben wir angefangen, Kilometer wegzulassen und halt den anderen Sportarten Platz zu lassen«, sagt Sandra Völker. Um zum Beispiel mehr Kraft im Absprung zu bekommen, ging sie zu einem Volleyballtrainer. »Der ist mit in die Schwimmhalle gekommen, hat sich den Absprung angeguckt, um zu gucken, welche Muskulatur bei mir benötigt wird«, erzählt sie.

Dann kam der Kraftbereich mit Freihantel hinzu, tiefe Kniebeuge, halbe Kniebeuge, Bankdrücken – das volle Programm. Darüber hinaus hatte die Schwimmerin eine Tanzlehrerin, die mit ihr Jazzdance und Ballett-Elemente geübt hat. Gerade das Tanzen habe ihr die Fähigkeit gegeben, immer zu wissen, was der Körper macht. Muskeltraining, Rhythmus und Choreografie: »Es war wirklich ein hartes Training, was ich da gemacht habe.« Sandra Völker nennt hier ganz konkret die Rechts-Links-Koordination und die Körperspannung, die man zum Beispiel braucht, um zum richtigen Zeitpunkt eine Drehung zu machen.

Die Abwechslung und die stetig neuen Herausforderungen haben ihr zugesagt. »Deshalb habe ich mir immer irgendeine andere Sportart gesucht, um wieder einen neuen Reiz zu setzen«, sagt sie. Kickbox-Aerobic, Spinning Karate und Klettern zum Beispiel. »Es hat Spaß gemacht, immer wieder etwas Neues zu lernen und mich wieder neu herauszufordern und dann eben halt nicht immer nur im Schwimmbecken zu sein«, erzählt Sandra Völker. »Kacheln zählen« nennen Schwimmer das Training im Becken –, auch wenn sie in einem Metallbecken trainierte – und das kann auf Dauer langweilig werden. »Wir sind ja Menschen und noch immer keine Maschinen«, sagt sie. Die Möglichkeiten im Cross-over-Training sind riesig. Das bedeutet, gleichzeitig immer neue Dinge auszuprobieren, und Dinge loszulassen, die nicht funktionieren, also »immer wieder den Mut zu haben, beweglich und flexibel zu bleiben«.

Mentale Fitness ist ebenso wichtig wie körperliches Training

Sportlern wird bei Siegen und Erfolgen zugejubelt und natürlich ist es immer schön zu hören, »wie toll man das gemacht hat und wie krass erfolgreich und wie beeindruckend« man ist. Aber es sei leicht, süchtig nach Anerkennung zu werden. Das habe mit dem eigenen Selbstwertgefühl zu tun, sagt Sandra. Die Erkenntnis, dass sportliche Fitness und direkter Erfolg nicht alles sind, ist über einen langen Zeitraum gewachsen. »Solange ich das noch nicht hatte, war ich abhängig vom Erfolg, aber irgendwann merkt man, dass der Erfolg alleine nicht das ist, was einen glücklich macht«, erzählt sie. »Man rockt die Bühne und dann ist der Vorhang zu und alle gehen nach Hause und es applaudiert eben nicht wochenlang jemand für den Erfolg, den man hatte, sondern dann geht man wieder in sein normales Leben und am besten auch gleich wieder ins Training, damit der nächste Wettkampf wieder so gut funktioniert.«

Ruhepausen zwischen Wettkämpfen seien mental und körperlich ebenfalls wichtig. »Ich habe da immer relativ gut drauf geachtet«, erzählt die Schwimmerin. Irgendwann kam stets der Punkt, an dem sie sagte: »So, bis hier und keinen Schritt weiter, weil ich gemerkt habe, dass ich sonst ins Übertraining gehe.« Was es bedeutet, zu viel zu machen, lernte sie zwischen 1996 und 1998, nach den entscheidenden Olympiamedaillen: »Ich habe alles mitgenommen. Ich habe super viel trainiert und ich habe alles dem untergeordnet«, erzählt sie. Nach Olympia hatte sie viele Werbeverträge und Sponsoren. Das war verbunden mit den entsprechenden Verpflichtungen und Auftritten. »Ich war schon zwei Jahre echt nonstop unterwegs. Und beim letzten Weltcup bin ich auch irgendwann mal aufgewacht und wusste nicht mehr, in welcher Stadt ich bin. Also der Klassiker«, sagt sie schmunzelnd. Das könne passieren, wenn man ständig von Kontinent zu Kontinent springt. Den Körper könne man dabei nur eine gewisse Zeit austricksen. »Da war ich selber ein bisschen überrascht, aber ja, das war einfach zu viel gewesen«, sagt sie. »Und dann habe ich gesagt: So, ich habe jetzt die Nase voll. Ich habe so viel gemacht. Ich mache jetzt einmal eine Pause und dann gucke ich, ob ich nicht auch Kosmetikerin oder Tischler werden kann. Ich beschäftige mich mal mit ganz weltlichen Dingen, in Anführungsstrichen«, erzählt sie. Sie machte ein halbes Jahr Pause, nur um festzustellen: »Ich bin halt einfach eine supergute Schwimmerin.«

Dass sie es zwischen 1996 und 1998 mit allem übertrieb, war nicht allein ihre Schuld, auch »mein Trainer war nicht in der Lage, das zu deckeln, und mein Management sowieso nicht«. Das Management hätte in ihr so etwas wie die Eier legende Wollmilchsau gesehen. Das war aber sehr kurzfristig gedacht: Immer auf Abruf zu sein, das funktioniere nicht, sagt Sandra Völker heute rückblickend auf die eigene Karriere. »Wir sind Menschen und keine Maschinen. Und deswegen ist es logisch, dass die Sinuskurve irgendwann abfällt.« Und die fiel tatsächlich so tief ab, »dass ich gesagt habe, ich habe keinen Bock mehr«. Hinzu kam Stress mit dem Trainer. Seit 1992 hatte sie unter Dirk Lange trainiert. Der war zeitgleich auch ihr Lebensgefährte.

»Auch privat hat es gekriselt und ich habe mich von ihm getrennt«, erzählt sie. »Und er konnte mich sowohl als Schwimmerin auch als privat und als Mensch nicht loslassen. Also, es war beides ein Problem.« Aufgrund ihres sehr speziellen Trainings wusste sie nicht, wo sie hingehen sollte, um damit entsprechend weiterzumachen. Das war ein weiterer Grund für eine Pause. »Ich wusste auch gar nicht, mit wem ich darüber reden sollte«, sagt sie, vor allem weil die meisten Menschen den Leistungssport nicht verstehen. »Ich kenne schon ein, zwei Leute, denen ich auch heute noch vertraue, die aus dem Schwimmsport kommen. Aber das wars dann auch.«

Sandra Völker wechselte zunächst zum Leipziger Trainer Jirka Letzin, diese Zusammenarbeit allerdings dauerte nur ein halbes Jahr. Ab Februar 2004 bildete sie dann eine Trainingsgruppe mit Stev Theloke und Katrin Meißner, geleitet von Beate Ludewig.

Völker sagt, sie sei immer semiprofessionell gewesen und habe sich alles selbst aufgebaut – von Manager und Trainer bis zum Cross-over-Trainingsplan. »Ich durfte ja kein Vollprofi sein, weil es eine Amateursportart ist.« Die Mitarbeiter mussten alle aber natürlich bezahlt werden. Ein kleines Unternehmen, nennt sie das. Hätte der Trainer beispielsweise keine Anstellung beim Olympiastützpunkt oder Verband bekommen, hätte sie ihn selbst aus eigener Tasche bezahlen müssen. Damit musste Sandra Völker die finanziellen Ansprüche, wie sie bei Vollprofis gelten, mit den sportlichen Vorgaben des Amateursports zusammenbringen. Das ist für Sportler nie eine leichte Aufgabe.

Die psychologische Bewältigung ist dabei ebenfalls ein wichtiger Faktor – am Olympiastützpunkt gibt es dafür natürlich entsprechende Betreuung, aber darüber hinaus ist es nicht einfach, einen Psychologen zu finden. »Man kann ja nicht mit irgendeinem Psychologen zusammenarbeiten«, sagt Sandra Völker. »Das muss auch passen.« Sandra sagt, sie sei letztlich auf sich alleine gestellt gewesen. »Im Grunde genommen ist der Athlet dann fast noch dem Trainer ausgeliefert, weil ein Athlet ganz ohne Trainer es natürlich nicht schaffen kann.«

Nach der Karriere: Vom Ruhm in die Insolvenz

Sandra Völker stand als Spitzensportlerin häufig im Rampenlicht: Das verändere einen auch als Person, sagt sie. Insbesondere, wenn man erfolgreich ist, bekomme man schnell das Gefühl, einem könne nichts passieren. Familie und Freunde haben sie da auf den Boden der Tatsachen zurückgeholt und gesagt: »Bleib du immer schön hier auf dem Teppich.« Welch negative Aspekte der Ruhm haben kann, zeigte sich auch nach der Zeit als Spitzensportlerin. Eineinhalb Jahre nach der Geburt ihrer Tochter beendete die Weltklasseathletin im März 2008 die aktive Schwimmerkarriere – heute hat die ehemalige Sportlerin drei Kinder. Nach der aktiven Sportkarriere lief es dann plötzlich nicht mehr so gut und irgendwann stand die ehemalige Leistungssportlerin vor einem Berg von Schulden: 113.000 Euro. 2013 musste sie beim Amtsgericht Regelinsolvenz beantragen, lebte von Hartz IV und musste per Internetauktion sogar ihre Medaillen und Badeanzüge versteigern. »Es ist mir auch nicht so schwergefallen, die ganzen Sachen zu versteigern«, sagt Sandra Völker heute, auch wenn die Versteigerung nicht ihre eigene Idee war, sondern die ihrer Insolvenzanwältin. »Die hat gesagt: Wir müssen wissen, wie viel das wert ist, und das muss jetzt verkauft werden. Zack, aus.

Und da habe ich gedacht: Joah, die olympischen Medaillen will ich schon gerne behalten. Das ist schon etwas Besonderes.« Am Ende hat sie aber dennoch losgelassen. »In den Geschichtsbüchern steht es sowieso schon drin«, sagt sie. Egal, ob sie zu Hause Medaillen vorzeigen kann oder nicht, die Titel und Siege kann ihr keiner nehmen. »Die Erinnerung ist ja so viel mehr wert.«

Doch haben die Erfahrungen aus und die Erinnerungen an den Spitzensport dabei geholfen, diese persönliche Krise zu überwinden? »Ich bin halt mutig«, sagt sie und nennt dies eines ihrer wichtigen Talente. Als sie merkte, dass es bergab ging, ging sie zur Schuldnerberatung. »Da war ich noch gar nicht in der Insolvenz.« Aber sie konnte sehen, dass es in die Richtung ging, »also habe ich mir Hilfe geholt«. Und stieß dabei auf ein ganz anderes Problem, nämlich, »dass die gesagt haben: ›Ja, aber Sie sind doch Sandra Völker. Sie können doch von heute auf morgen wieder ganz viel Geld verdienen.‹ Das mag ja sein, aber nur der Name allein reicht ja nicht.« In dem Moment stand ihr die erfolgreiche Sportkarriere tatsächlich im Weg: Die Goldmedaille, der Erfolg und das viele Geld, das sie einmal auf dem Konto hatte, hingen wie ein Damoklesschwert über ihr. Sie hatte das Gefühl, dass Leute sie dafür verurteilten, in diese Situation geraten zu sein: »Wie kann die so blöd sein, in die Pleite zu gehen, wo sie doch so erfolgreich war?«

Sandra Völker versuchte, kleine Zahlbeträge auszumachen, um die Schulden abzuzahlen. »Ich bin ja nicht diejenige, die nicht den Briefkasten aufgemacht hat«, sagt sie. Dennoch lief es immer weiter bergab. Als sie schließlich in die Insolvenz ging, trennte sie sich ganz bewusst von der sportlichen Ebene. Sie war nur noch der Mensch

Sandra Völker und nicht mehr die Schwimmerin Sandra Völker. Die Schwimmkarriere erschien ihr als Teil eines anderen Lebens, mit dem sie nichts mehr zu tun hatte. Erst langsam sei sie dann wieder aus dem Schneckenhaus herausgekommen. Sie erkannte, was sie eigentlich alles geleistet hatte, und das stärkte ihr Selbstwertgefühl. Heute vergleicht sie ihr Leben mit einem Pendel: Der sportliche Erfolg war der Ausschlag zu der einen Seite, die Insolvenz zur anderen: »Und jetzt kann ich es halt ausbalancieren.«

Sandra Völker hat durch den Sport und die Erfahrungen im eigenen Leben gelernt, mit Krisen umzugehen. Sie sagt, auf der einen Seite sollte man immer auf Krisen vorbereitet sein, auf der anderen berge die innere Beschäftigung mit potenziellen Krisensituationen auch Risiken. »Man muss mal ein bisschen vorsichtig sein, weil es steckt ein bisschen die sich selbst erfüllende Prophezeiung drin. Wenn ich mich zu früh mit dem Thema beschäftige, ziehe ich mich selber in die Krise rein«, sagt Sandra Völker. Ähnlich hat sie es mit ihrer Insolvenz erlebt. Natürlich weiß jeder theoretisch, dass das möglich ist. Aber: »Ich wusste auch nicht: Wie ist es denn wirklich in einer Insolvenz?« Um sich auf so etwas vorzubereiten, müsse man sich schon »extrem« mit dem Thema beschäftigen. Wie es dann wirklich ist, merke man erst, wenn es so weit ist. Die Insolvenz war tatsächlich eine entsprechend schwierige Zeit, aus der sich Sandra Völker nur langsam selbst befreite: Statt in der Schwimmhalle verbrachte sie nun die meiste Zeit im Büro und arbeitete für einen Onlineshop, der vegane Produkte vertreibt. Trotz des finanziellen Engpasses schlug sie einige Anfragen für öffentliche Auftritte aus: Angebote vom »Playboy« und dem »RTL-Dschungelcamp« kamen für sie nicht infrage.

Im Jahr 2018, die Insolvenz endlich hinter sich gelassen, startete Sandra Völker erneut sportlich durch – jetzt aber vom Beckenrand aus als freiberufliche Schwimmtrainerin. Darüber hinaus gibt sie Seminare, Motivationstrainings und hält Vorträge. 2015 veröffentlichte sie ihre Autobiografie »An Land kannst du nicht schwimmen: Wie ich Olympia gewann, fast alles verlor und wieder ins Leben fand«. Darin schreibt die ehemalige Weltklasseschwimmerin über ein Leben, das eigentlich nur Extreme kannte – und warum es sich immer lohnt, nicht aufzugeben. Für das eigene Leben verantwortlich zu sein, egal wie die Umstände sind, ist eine der Lektionen, die Sandra Völker ihren Klienten in Coachingsitzungen zu vermitteln sucht. Das ursprünglich auf sportliche Inhalte fokussierte Cross-over-Training hat sie kontinuierlich durch weitere Elemente ausgebaut und durch neue Trainingstools ergänzt, sodass ihr Ansatz nun alle möglichen Lebensbereiche betrifft. Durch individuelles Training motiviert sie ihre Klienten, die eigenen Stärken zu leben.

Talent oder Training? Lernen, auf die Intuition zu hören

Sandra Völker hat sich ihre Vielseitigkeit auch nach der Sportlerkarriere bewahrt. Eine Frage, die man sich bei Spitzensportlern wie ihr immer wieder stellt, ist, ob für ihre Karriere mehr das Talent oder der Fleiß der entscheidende Faktor war. Für Sandra Völker gilt beides: »Es geht darum, dieses Talent, was man hat, halt leidenschaftlich zu füllen. Und da steckt eben dieser Fleiß drin«, sagt sie. »Und Fleiß ist wieder eine Definitionsfrage, finde ich.« Es gebe diese Vorstellung des »No Pain, No Gain«: »Und man muss schon irgendwie hier an den Beckenrand kotzen, damit man richtig trainiert hat und so. Das war mal! Also das ist heute, finde ich, nicht mehr angesagt.« Eine wichtige Fähigkeit macht die Sportlerin darin aus, zu erkennen: »Wer bin ich und was bringe ich denn eigentlich für Talente mit?« Denn jeder hat schließlich seine ganz individuellen Talente und Stärken. »Du kannst wohl nicht so gut schwimmen wie ich, aber dafür hast du andere Talente, die ich nicht habe. Definitiv! Wenn du die erkennst und weißt, wie du sie einsetzen kannst für dich und dein Leben, dann hat das Kraft.« Dann kann man daran hart arbeiten und weiß, wofür man es eigentlich tut. Sie vergleicht das mit der Dreieinigkeit in der Kirche, nur dass es im normalen Leben nicht Gott, Heiliger Geist und Jesus sei, sondern »Körper, Geist, Seele«.

Leistungsfähigkeit sieht Sandra Völker als eine Sinuskurve oder Welle. Manchmal kommt man an den Punkt, an dem die Kurve den Zenit erreicht hat. Dann sei es Zeit, einmal zurückzutreten, neue Energie zu tanken, »und dann kommt die Welle und ist wieder kraftvoll«. Das Training hat sie diesem natürlichen Rhythmus angepasst: Wenn die Kurve nach oben geht, mache man vielleicht auch einmal Nachtschichten und gehe über die eigene Leistungsfähigkeit hinaus. »Aber dann braucht man auch wieder eine Zeit der Ruhe und der Pause.« Leistung im Sport funktioniere nur, wenn man sich auch die entsprechende Energie wieder reinholt. »Das ist auch ein Talent: nicht ins Übertraining zu fallen und genau zu wissen, hier ist jetzt Stopp! Da ist die Grenze erreicht und ich muss jetzt regenerieren, sonst falle ich für drei Monate aus. Und diese Fähigkeit auch ins normale Leben zu ziehen, dafür habe ich länger gebraucht«, sagt die ehemalige Leistungsschwimmerin. »Als Leistungssportlerin bin ich ja quasi für mich allein unterwegs gewesen. Heutzutage habe ich aber Familie und Partner. Ich bin berufstätig und möchte gerne Freizeit haben und möchte meine Familie treffen und möchte und möchte und möchte. Also das alles unter einen Hut zu bekommen ist eine

Riesenherausforderung.« Die Erfahrungen aus dem Sport helfen ihr dabei: »Im normalen Leben hat man manchmal das Gefühl, dass man keine Pause machen darf, aber man muss trotzdem den Mut haben und sagen, nee, ich muss die jetzt machen«, erklärt Sandra Völker. Die ehemalige Leistungsschwimmerin entscheidet vieles basierend auf ihren Gefühlen. »Meine Intuition im Leistungssport hat super funktioniert und im normalen Leben baue ich das jetzt immer mehr aus und es wird immer besser.« Oft hätten wir verlernt, auf die innere Stimme und Intuition zu hören, sagt sie. Gerade wenn wir vor einer schwierigen Entscheidungen stehen, haben wir intuitiv und vom Gefühl her vielleicht schon einen Entschluss getroffen, »aber wir haben nicht den Mut, es zu tun, weil es kommt uns so unlogisch vor oder wir können es nicht erklären«. Es erfordert Mut zu erkennen, dass »der Impuls, der von innen kommt, immer recht hat«.

Meditation hilft Sandra Völker dabei, ihre Intuitionskraft zu stärken. »Um wirklich richtig erfolgreich zu sein, muss ich meine Lösung auch annehmen, die in mir ist.« Das müsse man schulen. Wenn sie einmal richtig festgefahren ist, dann nimmt sie sich einen Tag frei: »Ich fahre runter und gehe weg, gehe raus.« Manchmal fährt sie auch einfach eine Runde mit dem Auto, »damit mein Kopf nicht schon wieder mit irgendetwas beschäftigt ist außer Autofahren«. Sie sagt, es sei wichtig, zuzulassen, dass die Antwort auf unterschiedlichen Wegen kommen kann. Und manchmal gibt es schlichtweg keine Lösung: »Es hat die größte Kraft, zu sagen: Ich weiß es nicht. Ich nehme es jetzt so an, wie es ist.«

Heute nutzt Sandra Völker diese und andere Erkenntnisse aus dem Spitzensport für das Coaching und den Aufbau ihrer Seminare. Dazu gehört auch der Umgang mit neuen Dingen und das ständige Ausprobieren: »Mein Zyklus war immer so aufgebaut, dass ich drei bis vier Monate etwas ausprobiere, und wenn ich gemerkt habe, das bringt mir etwas, habe ich es integriert. Und wenn es mir nichts gebracht hat, habe ich es rausgeschmissen.« Und das macht sie heute noch genauso. »Und ich werde immer besser, weil ich halt immer mehr Sachen aufnehme«, sagt Sandra Völker. Gleichzeitig erfordere es Mut, auch Dinge wieder rauszuschmeißen, die nicht funktionieren. Manchmal habe sie zu lange an Dingen festgehalten und bis zur Erschöpfung gekämpft – und dann brauchte sie erst einmal Erholung, »bevor hier wieder alles läuft«. Deshalb guckt sie inzwischen genauer und schmeißt »Sachen einfach schneller raus«.

Top-Leader sind gute Zuhörer und holen sich falls nötig Unterstützung

Auch in Sachen Leadership lässt sich viel vom Sport lernen. Eine der wichtigsten Fähigkeiten für Top-Leader ist für Sandra Völker die Fähigkeit zuzuhören. Für Trainer gelte beispielsweise: »Ich sollte genau wissen, wen ich da vor mir habe. Und zwar als ganze Person«, sagt sie. Dabei gehe es nicht nur darum, die sportlichen Talente eines Sportlers zu erkennen, sondern es gehe auch um das »Mitmenschliche« und die »Verbundenheit« zwischen Trainer und Sportler. »Im Sport oder auch als Leader ist es wichtig, dass man sagt, was man will, weil sonst kriegt man das nicht.« Und dann könne man schauen, ob und wie man das zusammen hinbekommt und ob man vielleicht noch eine weitere Person ins Boot holen sollte. Manchmal ist es zum Beispiel so, dass ein Leader, Trainer oder Partner das Geforderte gar nicht umsetzen kann, aber eine dritte oder vierte Person sehr wohl helfen könnte. Das muss man erkennen und entsprechend umsetzen. Gute Führungskräfte seien immer auf der Suche nach solchen Innovationen. In dieser Hinsicht habe auch die Coronakrise einen Vorteil gebracht. Beispiel Homeoffice: Unternehmen haben sich schon lange mit dem Thema beschäftigt, aber es gab ein ständiges Hin und Her zwischen: »Machen wir das oder besser nicht?« Corona habe diese Entscheidung dann erzwungen, sagt Sandra Völker.

Leidenschaft in Sport und Business ist für sie ebenfalls ein ganz großes Thema: »Also im besten Falle mache ich Leistungssport nicht, weil meine Eltern das zu mir gesagt haben, sondern ich mache das, weil ich eine Leidenschaft habe.« Entsprechend sollte man im Business nicht die Frage stellen: Wo verdiene ich das meiste Geld oder wo bekomme ich das meiste Ansehen? Sondern: Wo ist meine Leidenschaft? »Das ist, glaube ich, etwas, wo der Leistungssport sehr, sehr gut als Vorlage dient. Die Leidenschaft«, sagt sie. Unternehmen, Kunde und Leidenschaft – oder Idee – bilden für sie als Dreieinigkeit die Basis für jeden Erfolg. Oft fehlt aber genau diese Leidenschaft: Man bedenke nur einmal, wie viele Menschen tatsächlich morgens lustlos mit der Bahn oder dem Auto in das Büro fahren. Gerade wegen der oft fehlenden Leidenschaft für den Job ist Sandra Völker Befürworterin eines bedingungslosen Grundeinkommens, damit Menschen eben nicht aus finanziellem Zwang einem Job nachgehen müssen und dabei vielleicht ihr wirkliches Talent verschwenden. Wer zum Beispiel tagtäglich in der Werkhalle steht, hat vielleicht in Wirklichkeit andere Talente, »die überhaupt gar nicht zum Vorschein kommen, weil sie das gar nicht ausleben können«, sagt sie. »Das steckt alles in diesem bedingungslosen Grundeinkommen drin, weil es ist spannend zu sehen, wie die Welt sich dann entwickelt, was da eigentlich noch für ein Potenzial hockt.«

Neben der Leidenschaft lässt sich auch das Miteinander des Sports auf Firmen übertragen: »Leistungssportler sind Grenzgänger. Und an dieser Grenze finde ich heraus, wie belastbar mein System ist«, sagt Sandra Völker. Das gilt auch für Unternehmen. Wer aber an die Grenze gehen und wachsen will, muss Ausdauer und Regelmäßigkeit mitbringen. »Und das haben manchmal Unternehmen nicht, sie wechseln Dinge dann einfach zu schnell und meinen, dass sie im Markt sonst nicht hinterherkommen.« Dabei gehe es eigentlich darum, »mehr in die Tiefe zu gehen, damit man endlich mal etwas Fundiertes auf den Markt bringt«. Sprunghaftigkeit hilft nicht weiter. Eines gilt für den Sport und die Berufswelt gleichermaßen: Für den Erfolg braucht man Geduld.

3.5 Think-Gold-Transfer Einzelsport

Als ehemaliger Handballspieler und damit Mannschaftssportler kann ich ein Lied davon singen: Einzelsport? Oh nein, dachte ich immer, nichts für mich. Das fing schon beim Training an: Wenn mein Trainer damals sagte: »Wir laufen jetzt, machen Steigerungsläufe, Ausdauerläufe et cetera«, war meine anschließende (innere) Frage immer: »Wie jetzt? Ohne Ball?« Das spricht man vielleicht nicht direkt so aus, aber denken wird ja noch erlaubt sein. Mir war schlichtweg nicht bewusst, dass man auch ohne Ball – und alleine – laufen kann. Und auch mein Empfinden, was eigentlich eine gute Leistung ausmacht, war damals noch ganz anders als heute. Einer meiner Chefs war zu der Zeit beispielsweise Fußballer und prägte im Team den Satz »Zweiter ist Letzter«, und genauso ist das – allerdings nur im Mannschaftssport!

Nach einer Verletzung musste ich meine Handballkarriere an den Nagel hängen und spätestens mit der Selbstständigkeit waren auch die Trainingszeiten nicht mehr mit dem Job vereinbar. Ich gebe zu, dass ich es dann doch mit dem Einzelsport probiert habe. Joggen geht irgendwie immer und überall und schlechtes Wetter gibt es nicht, nur schlechte Kleidung. Egal ob im Wald, im Park oder auf der Straße – ich laufe. Dabei siehst du Läufer, die dir entgegenkommen, und Läufer, die dich überholen. Meter um Meter, Kilometer um Kilometer. Zuerst frage ich mich: Warum machst du das eigentlich? Aber auf diese halb verzweifelte Frage folgt bei den meisten Läufern direkt das Runner's High, dieser rauschähnliche Zustand, den viele während ihres Trainings erreichen. Dieses euphorische Gefühl von Glück und Schmerzfreiheit setzt nach etwa einer Stunde ein – wenn es denn einsetzt. Denn zunächst kommen die meisten Sportler an den Punkt, an dem sie glauben, dass ihnen die Kraft fehlt, um weiterzulaufen. Erst wenn dieser schmerzhafte Moment überwunden ist, stellt sich das Läuferhoch ein. Dann funktioniert das Laufen scheinbar mühelos und passiert wie von alleine. Die Schmerzen in den Muskeln nimmt der Sportler kaum noch wahr und den ganzen Körper durchströmt ein warmes Glücksgefühl. In dem Moment erlebt man ein ganz persönliches Hoch. Das habe ich mir zumindest von anderen sagen lassen, denn ich habe dieses Glücksgefühl nie erlebt. Vielleicht bin ich einfach zu wenig gelaufen ... da bleibe ich lieber beim Boxen.

Beim Mannschaftssport kennt man dieses Gefühl auch. Da heißt es allerdings Flow. Den muss es auch bei Topmanagern geben. Einer der Gründe, warum viele Manager Einzelsport statt Mannschaftssport ausüben, ist, dass sie flexibel sein wollen und sein müssen. Kasper Rorsted, Vorstandsvorsitzender von Adidas, startet seinen Tag stets mit einem Work-out im Adidas Gym. Auch wenn er unterwegs ist, hat er immer die Sportsachen dabei, und im Winter fährt er Ski. »Na klar«, könnte man jetzt sagen, »der arbeitet bei Adidas, der hat ja keine andere Wahl.« Aber er ist nicht das einzige Beispiel: Johannes Teyssen, CEO von E.ON, geht regelmäßig joggen – zu jeder Tages- und Nachtzeit und überall auf der Welt. Es lehre ihn Bescheidenheit, sagt er. Jochen Pollotzek, Geschäftsführer von Kamps, ging sogar noch einen Schritt weiter und übertrug sein Laufhobby gleich auf die ganze Firma: Jedes Jahr nimmt Kamps am Firmenlauf Mönchengladbach teil. Jochen Pollotzek will durch solche gemeinsamen Erlebnisse das Wirgefühl stärken.

So flexibel und erfolgreich Manager in ihrem Business sind, so kreativ und erfinderisch sind sie auch bei ihren Hobbys. Thomas Rabe, CEO von Bertelsmann, treibt Ausdauersport und hat sogar ein Punktesystem für sich entwickelt: Für einen Kilometer Rennen gibt es einen Punkt, für fünf Kilometer Rudern ebenfalls und zwei Kilometer Radfahren bringen einen weiteren Punkt. Da ist es wieder: Ein einzelner Punkt. Für Fußballspieler oder meinen alten Chef klingt das schwer nach »Unentschieden« und damit »Letzter«. Thomas Rabe versucht, mit seinem System auf fünfundsiebzig oder achtzig Punkte pro Woche zu kommen. In der Fußballbundesligasaison 2019/20 ist der FC Bayern München mit zweiundachtzig Punkten Deutscher Meister geworden. Schade also, Herr Rabe, doch nur Zweiter nach Punkten. Aber Glückwunsch zum Vizemeister, und dass Sie Borussia Dortmund und RB Leipzig weit hinter sich gelassen haben.

Auch wenn bei Fragen der Teambildung und der guten Zusammenarbeit von Mitarbeitern oft der Mannschaftssport als Vorbild gilt, gibt es darüber hinaus eine Überschneidung zwischen dem Einzelsport und erfolgreichen Managern. Bei meinen Vorträgen werde ich immer wieder gefragt, was eigentlich erfolgreiche Menschen auszeichnet. Sicher sind das nicht nur die Fähigkeiten eines Einzelsportlers, und dennoch gehören diese ganz klar mit dazu – wie der Ball zum Handball. Was also können Managertypen und Leader konkret von Einzelsportlern wie Nadine Apetz, Frank Busemann, Laura Philipp und Sandra Völker lernen? Ganz einfach:

Die eigene Komfortzone verlassen und eine Nische finden

Die eigene Komfortzone zu verlassen ist notwendig, um sich zu verbessern. Obwohl das anfangs vielleicht schwierig und schmerzhaft ist, bringt dieser Schritt am Ende eine entsprechende Befriedigung. Die eigene Komfortzone zu verlassen erfordert Mut, und so hat sich Laura Philipp genau den zu einem Lebensmotto gemacht. Für sie heißt das, auch einmal zu riskieren, dass etwas nicht funktioniert. Sie sagt, die Angst vor der Blamage halte viele Menschen davon ab, Dinge auszuprobieren, in denen sie vielleicht nicht so gut sind. Doch wer nie etwas ausprobiert, verpasst die Chance, neue Talente und Fähigkeiten zu entdecken. Menschen sollten keine Angst vor Rückschlägen haben, denn gerade aus Fehlern kann man viel lernen. Eine der wichtigsten Lektionen, die Laura Philipp gelernt hat, ist im Hier und Jetzt glücklich zu sein und viele Dinge auszuprobieren. Sie sagt, wer sich als Sportler nur in seiner Komfortzone bewegt und immer nur die gleichen Bewegungsmuster macht, die er oder sie gut beherrscht, kann sich nicht verbessern. Diese Erfahrung hat auch Nadine Apetz gemacht. Sich beim Boxen einem Angstgegner zu stellen und zu gewinnen, das ist für sie das »absolut beste Gefühl«. Das ist auch im Privaten und im Berufsleben so: Wer erfolgreich eine Angstaufgabe erfüllt, hat hinterher ein größeres Gefühl der Befriedigung.

Für Frank Busemann ist es wichtig, die eigene Nische zu finden, und das bedeutet eben auch, manchmal neue Dinge zu testen, von denen man nicht weiß, ob man eigentlich gut darin ist. Er wechselte als Kind und Teenager vom Mehrkampf zum Hürdenlauf und schließlich zum Zehnkampf, um das eigene Können voll auszuschöpfen.

Auch Sandra Völker war in ihrer Sportkarriere immer sehr mutig. Sie hat eine Leidenschaft dafür, alles einmal auszuprobieren und so herauszufinden, wo ihre Stärken liegen. Dafür hat sie bis heute einen Ausprobierzyklus: Sie testet Dinge für drei bis vier Monate, und wenn es klappt, integriert sie sie permanent. Klappt es nicht, dann müsse man den Mut haben, die Dinge auch wieder zu verwerfen, sagt sie. Aber noch ein anderer Faktor ist wichtig: Mutig sein heißt auch, sich Hilfe zu holen, wenn man selbst nicht mehr weiterweiß. Diese Erfahrung hat Sandra Völker in der Privatinsolvenz gemacht.

Alles Kopfsache: Körperliche Fitness alleine reicht nicht aus

Erfolg und Misserfolg beginnen beide zuerst im Kopf. Spitzensportler stehen unter viel Stress und Leistungsdruck und so brauchen sie neben der körperlichen auch die mentale Fitness. Nadine Apetz zum Beispiel hat vor Wettkämpfen oft mit dem Druck zu kämpfen und daher entsprechende Strategien entwickelt: Es braucht für sie die richtige Balance zwischen Ablenkung und absolutem Fokus. Ihr Trainer zum Beispiel erinnert Nadine Apetz dann regelmäßig daran, was sie bereits alles geleistet hat. Darüber hinaus hat sie entsprechende Routinen gegen die Nervosität entwickelt. Auch hilft es, wenn man sich mit jemandem auf Augenhöhe über die gemachten Erfahrungen austauschen kann. Das ist besonders wichtig bei Niederlagen: Sportler haben gelernt, mit Misserfolgen umzugehen und sich auch nach einer Niederlage wieder aufzurappeln und weiterzumachen. Nadine Apetz fällt das leichter, wenn der Gegner einfach besser war. Wenn man aber die eigene Leistung nicht abrufen kann, ist das doppelt frustrierend und es erfordert eine entsprechende mentale Stärke, sich von dieser Frustration und Enttäuschung zu lösen. Das lässt sich lernen. Und Einzelsportler sind hier erneut das beste Beispiel, denn anders als beim Mannschaftssport können sie die Schuld für die Niederlage nicht auf einen Mitspieler schieben.

Auch für Sandra Völker ist Leistungssport eine Kopfsache: Die Schwimmerin hat schon als Jugendliche an die eigene Stärke geglaubt und wurde so direkt bei ihrer ersten deutschen Meisterschaft Zweite, obwohl sie im Vergleich mit der Konkurrenz nicht wirklich viel trainiert hatte. Aber: Sie glaubte an den Sieg. Dieser Glaube an die eigene Stärke und die Suche nach der damit verbundenen Anerkennung haben aber auch eine negative Seite, denn Sandra Völker hat lange gebraucht, um zu erkennen, dass der Erfolg alleine nicht glücklich macht. Sie sagt, es habe sehr viel mit dem eigenen Selbstwertgefühl zu tun, dass man die damit verbundene Anerkennung braucht – oder eben auch nicht. Selbstwertgefühl ist ein wichtiger Bestandteil der mentalen Stärke. Auch hier können sich Nichtsportler etwas von den Profis abgucken.

Für den Erfolg braucht man zudem Geduld, Ausdauer und Regelmäßigkeit, Sprunghaftigkeit hilft nicht. Das heißt aber nicht, dass man nie Pausen machen kann. Ganz im Gegenteil: Pausen sind wichtig. Das Leben und die Leistung sind für Sandra Völker beispielsweise eine Sinuskurve, und der müsse man sich anpassen. Ist die Kurve oben, kann man an die Leistungsgrenzen gehen oder sogar darüber hinaus, ist die Kurve flach, sollte man es ruhiger angehen lassen. Für diese Erkenntnis brauchte Sandra Völker eine Weile, aber heute sagt sie, man müsse die eigenen Grenzen kennen und dann auch den Mut haben, zu sagen: Bis hierhin und nicht weiter!

Sandra Völker nennt das Intuition. Es sei wichtig, auf die innere Stimme zu hören und diese nicht als »unlogisch« abzutun. Oft wissen wir innerlich bereits, was wichtig und richtig ist, bevor unser logischer Gedankenprozess aufholen kann. Intuition lässt sich zum Beispiel durch Meditation stärken – und durch das entsprechende Vertrauen in sich selbst. »Die Lösung steckt immer in uns«, sagt Sandra Völker.

Ein weiterer wichtiger mentaler Faktor ist tatsächlich der Spaß am Sport oder bei der Arbeit: Wer Freude hat an dem was er oder sie tut, der entwickelt die entsprechende Leidenschaft. Davon ist Triathletin Laura Philipp überzeugt. Es motiviert, wenn man das eigene Potenzial entdeckt und danach strebt, es auch auszuschöpfen.

Cross-over-Training und Anpassungsfähigkeit als Erfolgsstrategien

Schwimmerin Sandra Völker setzte und setzt auf ein Cross-over-Training als Erfolgsstrategie. Als sie damit begann, war das noch ein ganz neuer Ansatz. Sie nutzte Abläufe verschiedener Sportarten und passte sie an die eigenen Bedürfnisse an: Volleyballtraining half beim Absprung, Tanz bei der Koordination und Körperspannung. Neue körperliche Herausforderungen schaffen Anreize, damit das Training nicht langweilig wird – da spielt die Komfortzone erneut eine große Rolle. »Wir sind ja Menschen und noch immer keine Maschinen«, sagt Sandra Völker. Man müsse den Mut haben, beweglich und flexibel zu sein. Dieser Strategie folgt sie noch heute in ihrem Berufsleben und vermittelt sie auch an ihre Kursteilnehmer, denn auch im normalen Leben gilt: Man kann viel von anderen lernen, und wer über den eigenen Tellerrand schaut, um das Wissen und Können aus anderen Lebens- und Wirtschaftsbereichen zu integrieren, kann die eigene Leistung verbessern.

Eine der wichtigsten Lehren, die Frank Busemann aus dem Sport gezogen hat, ist die Fähigkeit, sich an widrige Umstände anzupassen. »Aufgeben gilt nicht« ist sein Lebensmotto, auch wenn man vor scheinbar unüberwindbaren Problemen steht: Für ihn war das der Umgang mit ständigen Verletzungen und einem Körper, der für den Spitzensport eigentlich nicht geeignet war. Er gelangte an die Zehnkampf-Weltspitze, obwohl ihm Ärzte seit der Jugend gesagt hatten, dass sein Körper für derartige Strapazen nicht ausgelegt sei. Auch während der Coronakrise zeigte er Anpassungsfähigkeit und entwickelte sich vom technologischen Analphabeten zum Online-Dozenten mit professioneller Beleuchtung, Kamera und Videoschnitt-Erfahrung. Verschiedene Rückschläge und die Doppelbelastung aus Spitzensport, Berufsausbildung und Sponsorenterminen in seiner Jugend haben Frank Busemann bis heute sehr belastbar gemacht. Der richtige Umgang mit Krisen und die Gabe zur Selbstreflexion sind für ihn ausschlaggebend für den Erfolg. Sich von Krisen und Widerständen nicht unterkriegen zu lassen, sondern neue Wege zum Erfolg zu finden, ist eine seiner Stärken, denn auch in Wettkämpfen müssen Sportler wie er mit veränderten Rahmenbedingungen klarkommen. Für Frank Busemann gehen aus Krisen echte Siegertypen hervor, die gelernt haben, sich neu zu erfinden, wenn der alte Weg blockiert ist. So hat die Coronakrise für ihn zu einer wichtigen persönlichen Weiterentwicklung geführt.

Eigenverantwortung: Die Dinge selbst in die Hand nehmen, statt auf andere zu warten

Als Einzelsportler ist man der eigene Chef und damit verantwortlich für die eigene Leistung und Gesundheit. Diese Erfahrung hat unter anderem Laura Philipp gemacht. Auch wer Talent hat, muss die Eigenverantwortung mitbringen, um daraus einen Erfolg zu machen. Für Sandra Völker geht es darum, das bestehende Talent mit Fleiß zu füllen und zu nutzen. Es sei wichtig zu erkennen, wo die eigenen Talente liegen, und diese dann entsprechend zu nutzen. Für Frank Busemann ist neben Talent und Fleiß auch der entsprechende Siegeswille wichtig. Ohne den ist ein Zehnkampf kaum durchzustehen, denn wenn der Körper eigentlich schon die Grenze erreicht hat, stehen immer noch zwei, drei, vier weitere Wettkämpfe an, bei denen man erneut die volle Leistung abrufen muss.

Erreichbare Zwischenziele und Visionen als Motivationsfaktor

Gerade bei größeren Projekten oder über einen längeren Zeitraum hinweg ist es oft schwierig, die Motivation aufrechtzuerhalten. Bei Sportlern ist das ähnlich. Wer beispielsweise vier Jahre für Olympia trainiert, der braucht einen langen Atem. Laura Philipp hat daher einen entscheidenden Tipp auch für Nichtsportler: Man sollte immer erreichbare Zwischenziele einbauen. Diese helfen dabei, mit der eigenen Leistung zufrieden zu sein, selbst wenn man das große, übergeordnete Ziel (den Sieg) nicht erreicht.

Für Frank Busemann braucht es für persönlichen Erfolg entsprechende Ziele und Visionen, die einem eine Lebensorientierung geben – und den Mut, diesen Zielen auch nachzustreben, wenn man sie denn einmal gesetzt hat. Für ihn ist es wichtig, Dinge auszuprobieren, die man bislang noch nicht gemacht hat. Nur so kann man herausfinden, ob man etwas kann und ob es einen glücklich und erfolgreich macht. Für ihn gibt es auf dem Weg zur Perfektion auch manchmal blaue Flecken. Ganz wie im Zehnkampf oder Hürdenlauf: Den perfekten Lauf gibt es im Sport nicht. Das kann man auch auf das alltägliche Leben und den Beruf übertragen.

Aber nicht immer muss alles im Leben schwierig sein: Wenn man einen »leichten Weg« wählt, dann ist das laut Frank Busemann beispielsweise nicht Faulheit, sondern man macht etwas, für das man Talent hat und das einem Spaß macht. Das lässt es leichter erscheinen, beseitigt Widerstände und erlaubt einem, neue Fähigkeiten zu lernen. Da man sich aber schnell an neue Fähigkeiten gewöhnt, sucht man immer wieder neue Herausforderungen und geht zwangsläufig an seine Grenzen. Das garantiert kontinuierliche Weiterentwicklung – persönlich und beruflich.

Süße Belohnung für Arbeit und Leistung

Arbeit und Leistung ist nicht alles. Auch Spitzensportler brauchen hin und wieder eine Belohnung, die über die Anerkennung hinausgeht, die die sportlichen Erfolge ohnehin mit sich bringen. Laura Philipp zum Beispiel belohnt sich mit Kaffee und Kuchen, um sich weiter zu motivieren. Sportler leben zwangsweise sehr gesund, ein süßes Stück Kuchen schadet da nicht. Mehr noch: Die mentale Gesundheit profitiert von solchen kleinen Sünden. Neben Fitness und mentaler Stärke brauchen Erfolgstypen auch hin und wieder eine Belohnung für die Seele.

Sportliche Spätstarter: Es ist nie zu spät für eine neue Karriere

Laura Philipp und Nadine Apetz sind beide sportliche Spätstarter. Laura Philipp zum Beispiel begann ihre Karriere zehn bis zwölf Jahre später, als das bei vielen Leistungssportlern der Fall ist, und sie hat es trotzdem durch intensives Training und Leidenschaft innerhalb kürzester Zeit an die Triathlon-Weltspitze geschafft. Die Karriere von Nadine Apetz verlief ebenfalls entgegen des sportlichen Mainstreams. Sie begann schließlich erst mit einundzwanzig Jahren an der Uni mit dem Boxsport. In dem Alter sind die meisten Spitzensportler bereits voll auf ihre Sportkarriere fokussiert.

Natürlich gibt es für das Startalter bei Spitzensportlern eine Obergrenze, denn irgendwann lässt die Leistungsfähigkeit des Körpers altersbedingt nach. Doch auf das Berufsleben übertragen zeigen die Beispiele, dass es nie zu spät ist für den Karrierewechsel oder ein zweites Standbein. Die Kombination von natürlichem Talent und harter Arbeit ist dabei die beste Voraussetzung, damit man auch als Spätstarter noch viel nach- und rausholen kann.

Nicht nur der richtige Zeitpunkt für den Beginn der Karriere ist wichtig. Man muss auch rechtzeitig den Absprung finden. Gerade im Spitzensport kommt irgendwann der Punkt, an dem es körperlich nicht mehr geht. An seinem Karriereende war Frank Busemann kaputt genug, um einzusehen, dass er nicht weitermachen konnte, aber er hat es nicht so weit getrieben, dass die körperlichen Schäden zu schwerwiegend wurden. Das ist eine schwierige Balance. Aber immerhin wird für Einzelsportler das Nachlassen der Leistung oft schneller deutlich als bei Mannschaftssportlern: Plötzlich steht man nicht mehr auf dem Siegerpodest, denn es gibt keinen Mannschaftskollegen, der gegebenenfalls die Schwäche oder das Nachlassen der Leistung auffangen kann.

Das richtige Unterstützerteam: Auch Einzelkämpfer brauchen ein Netzwerk

Auch Einzelsportler brauchen ein Team und Unterstützung, um beispielsweise die Motivation aufrechtzuerhalten, wenn das Training hart ist – oder um zu bremsen, falls der Sportler dazu neigt, über das Ziel hinauszuschießen. Bei Laura Philipp ist das beispielsweise ihr Mann, der gleichzeitig ihr Trainer ist und sie ab und an zurückhalten muss, wenn Laura mal wieder zu viel will.

Gute Sportler brauchen gute Trainer und für gute Trainer gibt es klare Kriterien, die sich auch auf Leader in der Wirtschaftswelt übertragen lassen. Für Nadine Apetz haben gute Trainer nicht nur Fachkenntnisse, sondern sind auch Planer, Fitnesstrainer und Psychiater in einer Person. Sandra Völker hingegen macht eine andere entscheidende Leadership-Fähigkeit aus: Leader müssen zuhören können.

Zu einem Netzwerk kann auch gehören, sich für andere einzusetzen und beispielsweise Neulingen dabei zu helfen, sich in der Sport- oder Berufswelt zurechtzufinden. Nadine Apetz ist hier ein gutes Beispiel: Neben der sportlichen und wissenschaftlichen Tätigkeit ist Apetz auch Athletensprecherin ihres Verbandes, engagiert sich in der Sportpolitik und setzt sich gegen Missstände und Vorurteile ein.

4. Frauenfußball

Frauenfußball ist der beste Sport – das sagen zumindest die Frauenfußballerinnen. Ganz ohne das Thema Fußball kommt natürlich auch dieses Buch nicht aus, immerhin ist Fußball in Deutschland der Volkssport Nummer 1. Was wurde allein im letzten Coronajahr alles über den deutschen Fußball erzählt. Von »privilegierten« Sportlern war da die Rede und von Sonderrechten für den Spitzensport, während alle anderen im Lockdown stecken. In diesem Kapitel aber geht es nicht um den Männerfußball, gegen den sich viel der Kritik richtete, sondern um den Frauenfußball. Und der kommt mit seinen ganz eigenen Problemen, aber auch sehr positiven Besonderheiten daher – und herausragenden Sportlerinnen. Und immerhin feiert der Frauenfußball in Deutschland in diesem Jahr sein fünfzigstes Jubiläum.

Frauenfußball wird zunehmend prominenter und auch die großen Vereine legen inzwischen größeren Wert auf die Frauenmannschaft. Im Februar 2021 startete Borussia Dortmund einen Angriff auf den Frauenfußball. Zur neuen Saison geht beispielsweise erstmals ein BVB-Frauenteam an den Start, muss aber in der Kreisliga beginnen. Für einen reibungslosen Start holte sich der BVB Hilfe von prominenten Ex-Fußballern: Christian Timm begann seine Karriere 1997 bei Borussia Dortmund und wird in Zukunft gemeinsam mit Weltmeisterin und Olympiasiegerin Annike Krahn für den Frauenfußball beim BVB beratend tätig sein. Seit ihrem Karriereende ist Annike Krahn im Frauenfußball gut vernetzt und unter anderem Masterplan-Koordinatorin beim Fußball- und Leichtathletikverband Westfalen. Zudem managt sie die U17-Juniorinnen des Deutschen Fußball-Bundes. Damit ist sie ein wichtiger Teil der Nachwuchsförderung im Frauenfußball. Mit Annike Krahn habe ich auch für dieses Buch gesprochen

– über Frauenfußball, ihre Karriere und was man eigentlich vom Frauenfußball lernen kann.

Wer sich Fernsehübertragungen aus der Anfangszeit des deutschen Frauenfußballs anschaut, der sieht sich mit ziemlich vielen frauenfeindlichen Kommentaren konfrontiert. Die Spielerin müsse gleich mehrere »Bälle« beherrschen, da knallten nicht Bälle, sondern »Sexbomben« aufs Tor und die »Fußballbräute« und »Amazonen« würden ja ihre Trikots selber waschen, da müssten sich die männlichen Zuschauer nicht über den Schlamm auf dem Platz aufregen. Auch prominente männliche Fußballer wie Sepp Herberger oder Berti Vogts waren der Meinung, dass »Damen« und Fußball schlichtweg nicht zusammenpassten.

Man(n) nahm die Fußballerinnen nicht ernst. 1955 hatte der DFB den Frauen sogar den Zugang zum Platz verboten und drohte Vereinen mit Strafen, sollten sie Frauen einen Platz zur Verfügung stellen. Trotz Verbot gab es Ende der 1960er aber bereits tausend Frauenteams. Nach fünfzehn Jahren Verbot gestattete der DFB schließlich doch den Frauenfußball, den man aber weiterhin als Modeerscheinung abtat. Für das erste internationale Turnier hatte der DFB dann nicht einmal eine Nationalmannschaft und schickte stattdessen die beste Mannschaft der Bundesliga, die das Turnier prompt gewann. Weltmeister! In der Folge stellt der DFB 1982 dann endlich die erste Frauen-Nationalmannschaft auf. Die Frauenfußballerinnen hatten sich gegen alle Widerstände durchgesetzt. In der DDR – um das einmal zu vergleichen – hatte der Frauenfußball es nicht so schwer: Ein Verbot gab es hier nie, aber auch keine große Förderung, weil es keine olympische Disziplin war.

Ich dachte eigentlich, dass sich das Thema Frauenfußball und Diskriminierung heute angesichts der neuen Prominenz und zunehmender Beliebtheit und Akzeptanz erledigt hat. Aber dann habe ich im gleichen Atemzug von der Entgleisung Heiko Vogels gegenüber einer Schiedsrichterin gelesen. Der U23-Trainer bei Borussia Mönchengladbach musste als Strafe sechs Trainingseinheiten bei einem Frauen- oder Mädchenteam des Vereins halten. Nun gut, ich finde eine Bestrafung wegen Fehlverhaltens durchaus angemessen, aber ich frage mich, warum man die Frauen oder Mädchen bestraft, und nicht den Trainer. Schließlich hatten die Frauen oder Mädchen, die die Trainingseinheiten mit ihm abhalten mussten, nichts ausgefressen.

Während sich Frauenmannschaften inzwischen etabliert haben, sind Frauen an anderer Stelle im Fußball eher eine Seltenheit. Als Joachim Löw bekannt gab, dass er nach der EM im Sommer 2021 als Nationaltrainer zurücktreten würde, da löste das schnell eine Debatte aus: Mit Antenne Bayern diskutierte ich nur einen Tag später, welche Kompetenzen einen Bundestrainer auszeichnen müssen und was Löws Nachfolger mitbringen muss. Im Nachgang habe ich dazu noch ein Video online gestellt und einen Bundestrainer-Kandidatencheck ins Leben gerufen, um die heiß gehandelten Nachfolger genauer unter die Lupe zu nehmen: Jürgen Klopp, Stefan Kuntz, Lothar Matthäus. Insgesamt zehn Kandidaten. Das war witzig gemeint, sorgte aber für eine Frage: Warum ich denn nicht eine Frau in den engeren Kreis der möglichen Kandidaten ins Auge gefasst habe? Ich muss sagen: Stimmt! Warum eigentlich nicht eine Frau? Wäre das möglich? Eine weibliche Bundestrainerin an der Seitenlinie der Herren-Nationalmannschaft? Immerhin hat der ehemalige DFB-Präsident Fritz Keller gesagt, dass er sich beim DFB mindestens ein Drittel Frauen in

Führungspositionen wünsche. Das scheint aber tatsächlich noch ein langer Weg, wenn man weiß, dass nur jedes siebte DFB-Mitglied eine Frau ist. Wohlgemerkt hat der DFB 7.169.327 Mitglieder.

Das Problem »Frauen in Führungspositionen« lässt sich auch ganz gut anhand der Debatte um die Nachfolge von Fritz Keller demonstrieren, der sich für eine Frau als seine Nachfolgerin aussprach. Er unterstützt damit ein Positionspapier von acht prominenten Fußballfrauen, darunter die Ex-Schiedsrichterin Bibiana Steinhaus-Webb. Sie fordern unter anderem eine »verbindliche Quote für Fußballverbände von mindestens dreißig Prozent Frauen in Führungspositionen«, Gehaltstransparenz und eine diskriminierungsfreie Sprache. Nicht jeder im DFB scheint aber mit dem Vorschlag, eine Frau an die Spitze zu setzen, einverstanden zu sein. So berichtete die »Süddeutsche Zeitung« im Mai 2021, die Interims-DFB-Chefs Rainer Koch und Peter Peters stünden wegen dieser Nachfolgedebatte in der Kritik. Steinhaus-Webb berichtet, es sei von Seiten des DFBs Druck auf sie ausgeübt worden, sich nicht an der Reform-Initiative zu beteiligen, wollte sie weiterhin als Schiedsrichterin im Videokeller des DFB arbeiten. Konkret ging es da um Gespräche mit Rainer Koch. In der Folge zeigte die Initiative Rainer Koch bei der Ethikkommission an. Das zeigt, was für ein heißes Eisen das Thema Gleichberechtigung und Frauenquote im Fußball derzeit noch ist.

Noch immer sind Männer- und Frauenfußball in Deutschland ziemlich stark voneinander getrennt. Frauen in Führungspositionen sind im Männerfußball oft unsichtbar oder gar nicht erst vorhanden, dabei hat sich inzwischen gezeigt, dass Frauen in Führungspositionen für Unternehmen einen großen Mehrwert mitbringen: Sie bringen häufig eine neue Perspektive und einen anderen Führungsstil mit, von dem Unternehmen – und auch Profivereine – auf lange Frist profitieren können. Katja Kraus beispielsweise war zwischen 2003 und 2011 beim HSV die erste Frau im Vorstand eines Bundesligaklubs. Nach einer aktiven Karriere, die bis ins Tor der Nationalmannschaft führte, wurde sie Pressesprecherin bei Eintracht Frankfurt – wiederum als erste Frau in diesem Amt bei einem Bundesligaverein. Sie stieß auf die entsprechenden Widerstände. Sie war damit eine von wenigen Ausnahmen in den Vorständen, denn Frauen sind in Führungsgremien wie Vorstand oder Aufsichtsrat noch immer unterrepräsentiert: Von fünfhundert Führungsposten sind gerade einmal achtundzwanzig (5,6 Prozent) mit Frauen besetzt. Und wenn es um Trainerpositionen geht, sieht es noch düsterer aus: Kein Verein in den oberen drei Ligen beschäftigt eine Frau im Trainerteam.

All das führt erneut zum Thema Frauenquote und der leicht ironischen Frage: Wofür brauchen wir eigentlich eine Quote und was ist dann mit den Dicken oder den Rothaarigen oder den dicken Rothaarigen? Immer wieder kommt die Kritik, dass eine Quote vielleicht auch unqualifizierte Frauen befördern könnte, nur weil sie Frauen sind. Dem kann man nur mit einem Zitat von St. Paulis Aufsichtsratschefin Sandra Schwedler entgegnen: »Niemand macht sich Gedanken, ob wir unqualifizierte Männer in Vorständen haben.«

Auch beim Verdienst müssen Frauen im Fußball zurückstecken. Millionenverträge wie beim Männerfußball kann man hier nicht erwarten. Oder um es einmal in konkreten Zahlen auszudrücken: Der bestbezahlte Fußballer Neymar (Ablösesumme 222 Millionen Euro, Verdienst von 36,8 Millionen Euro) verdient so viel wie die mehr als tausendsiebenhundert Fußballerinnen aus den sieben Top-Ligen zusammen. Die deutschen Nationalspielerinnen gehören dabei zu den besser verdienenden Fußballerinnen: Für einen Titelgewinn bei der Weltmeisterschaft gäbe es derzeit eine Prämie von 75.000 Euro pro Spielerin. Aber auch hier müssen die weiblichen Spielerinnen gegenüber den männlichen Kollegen zurückstecken. Denen wurde 2018 nämlich im Fall eines Weltmeisterschaftstitels die Summe von 350.000 Euro in Aussicht gestellt. Zugegebenermaßen hat sich bei den Prämien bereits einiges getan, denn für den ersten Europameistertitel 1989 gab es noch eine ganz großartige Prämie für die Spielerinnen: ein Kaffeeservice.

Im Frauenfußball gibt es gerade einmal eine Spielerin, die jährlich Millionen verdient: Die amerikanische Torhüterin Hope Solo verdient jährlich ungefähr 2,05 Millionen Euro. Mit einer großen Zahl von Instagram-Anhängern ist sie aber nicht nur eine gute Fußballerin, sondern auch ein für die Werbewirtschaft interessantes Vorbild. Anders als männliche Fußballer ist es nämlich für Fußballerinnen grundsätzlich auch schwierig, entsprechende individuelle Sponsorenverträge zu bekommen. Damit zeigt sich auch im Fußball ein Problem, das in der Wirtschaft immer wieder kritisiert wird: das geschlechtsspezifische Lohngefälle. In einigen Ländern gibt es inzwischen aber bereits einige positive Veränderungen, die das ausgleichen sollen: Norwegen hat beispielsweise das Budget der Frauen-Nationalmannschaft an das der Männer angepasst.

Die beste Bezahlung haben derzeit Spielerinnen in der französischen Liga mit etwa 44.000 Euro pro Jahr, die deutsche Liga liegt auf Platz 2 mit durchschnittlich circa 38.000 Euro pro Jahr. Tatsächlich aber treiben einige gut verdienende Spieler den Durchschnitt nach oben und viele Spielerinnen verdienen deutlich weniger. So kann es vorkommen, dass einige Spielerinnen mehrere tausend Euro im Monat verdienen, andere aber gerade einmal ein paar hundert Euro. Alexandra Popp beispielsweise kann von ihrem Gehalt leben, aber eine gute Altersvorsorge ist damit nicht gegeben. Nur sehr wenige Spielerinnen verdienen in der Bundesliga genug, um vom Sport leben zu können. Viele haben neben dem Fußball noch einen Zweitjob und so treffen in vielen Bundesligaspielen Amateure auf halbwegs gut bezahlte Profis. Damit sind Fußballerinnen nicht nur Expertinnen am Ball, sondern auch im Multitasking und dem Jonglieren von zwei oder drei anstrengenden Jobs gleichzeitig – sechs Trainingseinheiten die Woche, das Spiel am Sonntag, ein Zweit- oder Hauptjob und daneben noch die Familie und das Privatleben. Viele Fußballerinnen haben damit aber einen weiteren entscheidenden Vorteil gegenüber ihren männlichen Kollegen: Sie haben zwangsweise ein zweites Standbein und sind daher recht gut für die Karriere nach der Karriere aufgestellt.

4.1 Annike Krahn: Höhen und Tiefen sind eine Weiterentwicklung

Als 2019 die erste Idee entstand, dieses Buch zu schreiben, haben Thomas Lurz und ich natürlich als Erstes überlegt: Wer soll eigentlich in diesem Buch auftauchen? Welche Sportler machen Sinn? Von wem kann man was genau lernen? Wer begeistert und motiviert? Eines war da aber auf jeden Fall gesetzt: Der Frauenfußball bekommt ein eigenes Kapitel!

In unserem wöchentlichen Teammeeting habe ich meine Mitarbeiter dann einmal gefragt: Wer sind eigentlich Frauenfußballerinnen, die euch inspirieren oder inspiriert haben? Viele Namen standen auf einmal auf der Liste. Ganz ehrlich, auf Annike Krahn ist niemand im Team gekommen. Ich leider auch nicht.

Auf Annike Krahn bin ich durch Rekord-Torhüterin Nadine Angerer gekommen. Dass »Natze« mit null Gegentoren zur besten Torhüterin gewählt wurde, ließ mich etwas aufhorchen. Natürlich ist die Leistung von null Gegentreffern in einem Turnier unfassbar gewaltig, aber alleine kann man das eben nicht leisten. Vor der Torhüterin steht nun einmal auch eine Abwehr – und in der hat Annike Krahn gespielt. In meiner Recherche bin ich dann auf viele Sachen gestoßen. Ich las, dass die ehemalige Bundestrainerin Silvia Neid über Annike Krahn sagte: »Auf die kannst du dich hundertprozentig verlassen.« Aber sie hatte auch ihre Kritiker. Allzu oft wurde über sie geschrieben, dass sie zu langsam sei, viel zu hölzerne Bewegungen habe und ihr Aufbauspiel nur aus langen Bällen bestehe – also genau das, was wir bei den Herren Hummels und Boateng heute so schätzen. Viel-

leicht war Annike ihrer Zeit einfach weit voraus. Authentisch, bodenständig, meinungsstark und aktiv, so beschreibe ich die ehemalige PSG-Spielerin.

Als ich einmal mit ihr sprach und ihre Erfolge aufzählte, da lachte sie mich an oder aus – wer weiß das schon. Einen trockenen Kommentar konnte sie sich aber nicht verkneifen und sagte, ich hätte noch das Seepferdchen vergessen. Diese trockene Art mag ich. Ihre Erfolge sind aber tatsächlich beeindruckend: In einem Viertelfinalspiel gegen Frankreich hat Annike einundneunzig Ballkontakte und unglaubliche einundneunzig Prozent ihrer Zweikämpfe gewonnen. Kai Havertz, Serge Gnabry und Timo Werner kommen bei der EM 2020 gemeinsam auf achtundneunzig Prozent. Die kleine Spitze muss augenzwinkernd erlaubt sein. Und an alle, die jetzt kommen mit: anderes Niveau bei den Männern, anderes Spiel, die drei sind ja auch Angreifer und so weiter. Ich weiß! Die einen sind Frauen und die anderen sind Männer. Und hier liegt ehrlich gesagt auch das Problem, nämlich dass es immer noch diese Zweiteilung gibt.

Auch nach dem Ende der aktiven Karriere blieb Annike Krahn dem Fußball treu: auf der einen Seite als DFB-Teammanagerin, auf der anderen und unterstützt sie den BVB beim Aufbau der Frauenfußballabteilung im Dortmunder Vorzeigeklub.

Bereits als kleines Kind durchgestartet

Annike Krahn hatte schon als kleines Kind einen ausgesprochen großen Bewegungsdrang: »Ich habe schon mit vier Jahren angefangen, Fußball zu spielen«, sagt sie und ergänzt: »Ich komme aus einer nicht ganz unsportlichen Familie, mein Vater und meine Mutter haben Volleyball gespielt.« Und so war Annike Krahn schon als Kind mit in der Volleyballhalle. Sie hat selbst gerne den Ball geworfen, aber noch viel lieber dagegen getreten. »Dass ich dann zum Fußball gekommen bin, ist dem Zufall geschuldet gewesen, dass ich in einer Siedlung mit ganz vielen anderen Kindern aufgewachsen bin. Ein Nachbarsjunge war im Fußballverein und da sind wir mit mehreren einfach mal zum Fußballplatz gegangen nach dem Kindergarten. Und ich bin dann halt dabeigeblieben«, erzählt die ehemalige Leistungssportlerin. Annike Krahn probierte als Kind noch weitere Sportarten wie Tennis und Leichtathletik aus oder spielte gemeinsam mit den Freunden auf der Straße Inlinehockey. »Die Spannbreite vom Einzelsport über Mannschaftssport und Ballsport, da war alles dabei«, erzählt sie. »Das Einzige, was ich wirklich noch mal für einen Zeitraum im Verein gemacht habe, war Tennis«, das allerdings nur im Training und nicht in der Wettkampfphase. Nach etwa zwei Jahren hörte sie damit auf, um sich ganz auf den Fußball zu konzentrieren. »Ich glaube, im Fußball hat sich die größte Leidenschaft entwickelt und Einzelsport war nicht so mein Ding. Ich habe schon gerne in der Gruppe Sport gemacht«, sagt Annike Krahn rückblickend. »Beim Tennis hatte ich jetzt auch nicht so diesen Wettkampfgedanken dabei oder zumindest nicht in dem Alter.« Dennoch hat sie sich gerne mit anderen gemessen. »Ich war einfach unfassbar ehrgeizig, also ich konnte bei keinem Spiel verlieren«, sagt sie. »Das hat mich auch viel in meiner Karriere angetrieben und ich habe dann einfach im Fußball die große Leidenschaft entwickelt.« Annike Krahn startete bei Westfalia Weitmar, wechselte dann zum SV Waldesrand Linden und zum TuS Harpen, bevor sie 2002 zum SG Wattenscheid 09 und damit in die Regionalliga gelangte.

Irgendwann kommt immer der Zeitpunkt, wenn man als Sportler erkennt, dass sich die Karriere in Richtung des Profisports entwickelt. Für Annike Krahn kam der Moment, als sie in die U19-Nationalmannschaft aufgenommen wurde und in die Fußballbundesliga wechselte. »Das war der Zeitpunkt, wo ich irgendwie realisiert habe, dass da mehr geht«, sagt sie. Von 2004 bis 2012 spielte Annike Krahn beim FCR 2001 Duisburg. Anschließend wechselte sie zum französischen Erstligisten Paris Saint-Germain, wo sie einen Zweijahresvertrag unterschrieben hatte, den sie um ein weiteres Jahr verlängerte. In Bochum geboren, in Bochum aufgewachsen, war Annike Krahn immer sehr heimatverbunden. Der Wechsel nach Paris war da ein großer Schritt. Aber zu dem Zeitpunkt war sie gerade mit dem Studium durch und nicht mehr an einen Studienort gebunden. Paris Saint-Germain ist einer der reichsten Fußballklubs in Europa und erst mal war Annike Krahn Vollprofi. Für sie war zu dem Zeitpunkt klar, »höher geht nicht mehr«. Zur Saison 2015/16 kehrte sie mit einem Vertrag von Bayer 04 Leverkusen nach Deutschland zurück.

International startete Annike Krahn zunächst mit deutschen Mannschaften durch: 2004 gewann sie mit der U19-Nationalmannschaft den Vizeeuropameistertitel und die Weltmeisterschaft. Im Januar 2005 hatte sie dann ihr Debüt bei der A-Nationalmannschaft. Mit der deutschen Nationalmannschaft wurde sie 2007 in China Weltmeisterin, einer ihrer größten Erfolge. Eigentlich als Ersatzspielerin mit dabei, wurde sie aufgrund der Verletzung einer Teamkollegin eine Stammspielerin in der Mannschaft. 2013 wurde Annike Krahn zum zweiten Mal Europameisterin. Im März 2014 hatte sie ihren hundertsten Länderspieleinsatz und auch 2015 und 2016 gehörte sie zum festen Kader bei der Weltmeisterschaft und den Olympischen Spielen in Brasilien. Im Finale gegen Schweden gewann die Mannschaft eine Goldmedaille. Eigentlich macht Annike Krahn bei ihren Medaillen und Gewinnen kein Ranking, aber eine Goldmedaille bei Olympia war auch für sie etwas ganz Besonderes. Für sie war es der richtige Zeitpunkt, einen Schritt zurückzutreten: Sie trat aus der Nationalmannschaft aus und beendete die Karriere.

Auslandsaufenthalt: Lernen von und mit anderen Kulturen

Annike Krahn hat bei der Planung der Fußballkarriere oft nicht langfristig gedacht. »Ich habe immer nur so die nächsten Schritte gesehen und da ist schon viel so verlaufen, wie ich mir das als Ziel gesetzt habe oder auch gewünscht habe.« Es gab aber keinen Zehnjahresplan. Das schien Annike Krahn immer zu weit weg. Rückblickend sagt sie, dass es sicher immer Dinge gebe, die man im Nachhinein anders gemacht hätte. »Ich glaube, ich habe aus schwierigen Situationen rückblickend oft gelernt und hätte sie im Nachhinein anders gemacht.« Auf Verletzungen hätte sie natürlich gerne verzichtet. Ansonsten kann man aber gerade aus schlimmen oder nicht so guten Jahren viel Lebenserfahrung ziehen. »Mein letztes Jahr in Paris war aus unterschiedlichen Gründen schwierig, unter anderem hatte ich nicht mehr so viel Spielzeit«, erzählt die Ex-Fußballerin. Dabei war die Tatsache allein nicht das Schlimmste, die fehlende Begründung dafür, warum sie so selten zum Einsatz kam, war für sie schlimmer. So hatte sie um ein Video gebeten, um die Entscheidung zu verstehen und zu sehen, wo sie sich verbessern kann, doch dieses Video wurde ihr erst nach vier Monaten gezeigt. »Letztendlich wurde mir quasi die Motivation genommen«, sagt Annike Krahn, obwohl sie glaubt, dass sie damals ihre beste Trainingsleistung hatte. »In dem Moment hat die Nationalmannschaft meine Karriere gerettet. Ansonsten hätte ich von heute auf morgen aufgehört, weil ich zu diesem Zeitpunkt keine Zielführung hatte«, sagt die gebürtige Bochumerin.

Auch wenn die Situation für Annike Krahn in Paris nicht einfach war, glaubt sie, dass es ihr letztlich für die Zukunft geholfen hat. »Im Ausland habe ich einfach so viel mitgenommen«, sagt sie, vor allem in der Persönlichkeitsentwicklung oder was das Vertrauen in Menschen angehe. In Duisburg hatte sie beispielsweise auch ausländische Mitspielerinnen, doch konnte sie deren Situation erst rückblickend richtig einschätzen und beurteilen. Sie glaubt, sie hätte einige der Spielerinnen besser unterstützen können, zum Beispiel in der Ansprache, die man gegebenenfalls kulturell anpassen muss. Diese Erkenntnis wächst, wenn man selbst einmal in der gleichen Situation gewesen ist. In Paris begegnete Annike Krahn nicht nur Spielerinnen mit französischem Hintergrund, sondern hatte auch einen Trainer mit algerischen Wurzeln sowie ein multikulturelles Trainerteam. Nach drei Jahren Frankreich, sagt sie, verstand sie die Mentalität besser – auch wie Führungspersönlichkeiten auftreten und handeln.

Auch wenn das letzte Jahr in Paris für sie alles andere als positiv war, zieht die Fußballerin daher ein positives Fazit: »In dieser schwierigen Zeit habe ich mich selbst noch mal neu kennengelernt.«, sagt sie. Paris war wichtig für ihre Persönlichkeitsentwicklung, »weil du die Sachen noch mal anders einordnest, noch mal anders reflektierst. Im Nachhinein, habe ich da am meisten gelernt über mich selbst, über Motivation und über Führungsstile«.

Vom Fußball für das Leben lernen

»Ich bin die Persönlichkeit, die ich bin, durch den Sport geworden, denn er hat bisher immer mein Leben bestimmt«, sagt die ehemalige Nationalspielerin. Und das prägt einen natürlich als Person. Annike Krahn war immer sehr zielorientiert, darüber hinaus aber brachte sie bestimmte Fähigkeiten und Talente mit, die im Fußball wichtig sind, die sich aber schwer trainieren lassen, wie sie selbst sagt. »Ich habe zum Beispiel Spielverständnis gehabt und ich glaube, das ist ein bisschen schwieriger zu trainieren als technische Fähigkeiten.« Das erlaubte ihr, bestimmte Spielsituationen schnell richtig einzuschätzen. An ihren Schwächen hat sie gezielt gearbeitet und trainiert. »Da war schon die Motivation, sich da in dem Bereich zu verbessern. Ich konnte meine Schwächen ganz gut einschätzen.« Und sie gegebenenfalls kaschieren.

»Wenn du ein richtig, richtig gutes Talent hast, kannst du bis zu einem Punkt viele Sachen erreichen«, sagt Annike Krahn auf die Frage nach der Rolle von Talent und Fleiß für die Karriere. Aber um ganz oben anzukommen, reichte Talent alleine nicht aus. »Ich weiß nicht, ob das auch auf die Sportart ankommt, wie viel Konkurrenz es gibt, aber im Hochleistungssport, wenn du ganz oben ankommen willst, brauchst du auch die richtige Einstellung, zumindest global gesehen.«

Im Fußball muss man immer an die Situation angepasst arbeiten, wobei Annike Krahn es nicht gern als Arbeit bezeichnet. »Arbeit ist dann halt manchmal auch so ein bisschen negativ behaftet«, sagt sie. Im Fußball seien mehr Emotionen involviert und »da lernt man mit vielen Emotionen umzugehen, mit vielen positiven wie negativen, aber man muss auch auf andere Menschen eingehen«. Manchmal ist man Führungsspielerin und manchmal muss man sich führen lassen.

Niederlagen waren für Annike Krahn immer dann schlimm, wenn sie diese nicht beeinflussen konnte. »Ich war immer eine ganz schlechte Zuschauerin, wenn meine Mannschaft gespielt hat«, sagt sie. Manche Niederlagen schmerzen mehr als andere. Das Erlebnis machte die Verteidigerin 2011 bei der Fußball-WM in Deutschland, als das Team im Viertelfinale gegen Japan mit 0:1 ausschied. »Im eigenen Land, das ist definitiv eine ganz, ganz bittere Niederlage gewesen«, sagt Annike Krahn. »Die Weltmeisterschaft im eigenen Land war enttäuschend, dennoch habe ich für mich auch positive Sachen herausgezogen. In der Bundesligasaison zuvor fiel ich verletzungsbedingt aus. Es war für mich persönlich ein Teilerfolg, dass ich bei der WM auf dem Platz stand. Dennoch war die Niederlage im Viertelfinale sehr bitter.« Am Tag der Niederlage fühlte sich die Fußballerin einfach nur leer. Aus der Situation habe die gesamte Mannschaft aber gelernt, denn hinterher hätten tatsächlich viele Veränderungen stattgefunden, sagt Annike Krahn. Das zeigt, dass man gerade aus Niederlagen viel mitnehmen kann.

Eines der härtesten Dinge im Spitzensport ist neben dem Umgang mit Niederlagen auch das Verletzungsrisiko. So hatte Annike Krahn Anfang der Saison 2010/2011 einen Kreuzbandriss, und das ist natürlich immer ein Rückschritt – vor allem, wenn wichtige Turniere anstehen. Ein klares Ziel vor Augen zu haben kann helfen, mit derartigen Rückschlägen umzugehen. Dazu gehört beispielsweise der richtige Rehaplan – am besten mit ein bisschen Zeitpuffer, falls es nicht so klappt wie geplant. Annike Krahn hat grundsätzlich sehr hohe Ansprüche an sich selbst. »Der Anspruch an meine eigene Leistung war sehr hoch«, sagt sie. Mit der eigenen Leistung zufrieden zu sein, das musste sie erst einmal lernen.

Um mit diesen Höhen und Tiefen des Spitzensports umgehen zu können, bedarf es einer gewissen mentalen Stärke. Entspannung ist daher ebenfalls wichtig und im Spitzensport lernt man einen entsprechenden Lebensrhythmus, vor allem weil viele Fußballerinnen – wie Annike Krahn – neben dem Sport noch studieren oder arbeiten müssen. Das braucht gutes Zeitmanagement und gute Organisation. Die Mannschaft hat da eine unterstützende Funktion. »Das wird ja manchmal auch kritisiert, dass Profimannschaften quasi alles auf dem Silbertablett mitbringen. So extrem war das jetzt bei uns nicht, also ich habe es zumindest nicht so empfunden«, sagt sie. Natürlich wird den Spielern einiges an Planung et cetera abgenommen. Dabei spielt aber auch das soziale Umfeld eine Rolle. Annike Krahn hat beispielsweise noch recht lange zu Hause bei den Eltern und den zwei Geschwistern gewohnt und wurde auch dadurch mitgeprägt.

Ziele kommunizieren: Was macht einen guten Leader aus?

Wie Ziele in der Mannschaft und nach außen kommuniziert werden, hängt zum einen von den einzelnen Typen in der Mannschaft ab und zum anderen von externen Faktoren. Schalke zum Beispiel sei anders als Dortmund, sagt Annike Krahn, auch von der Presselandschaft. Trainer müssen sich bewusst sein, dass das, was sie nach außen kommunizieren, auch immer wieder zu den Spielern zurückgelangt. Wenn also ein Trainer Spieler hat, denen es guttut, wenn man die Ziele und Gewinnabsichten nach außen kommuniziert, dann macht es Sinn, das auch zu tun. Innerhalb der Mannschaft kann es sinnvoll sein, die Ziele gemeinsam zu diskutieren und festzulegen, statt dass der Trainer eines Tages reinkommt und das Ziel einfach von oben diktiert. Annike war Ersteres immer lieber, sie wollte miteinbezogen werden. »Ich finde es manchmal wichtig, dass du auf dem Weg dahin eingebunden wirst«, sagt sie. Im Gegenzug kann es auch wichtig sein, »dass du nicht einbezogen bist, dass du dir darüber keine Gedanken machen musst, dass etwas vorgegeben ist. Das ist auch wieder eine Typfrage«.

Grundsätzlich bekommt es eine Mannschaft mit, wenn ein Trainer selbst unsicher ist. Für Annike Krahn ist ein guter Leader vordergründig jemand, der weiß, wie man eine Mannschaft führt und wie man mit unterschiedlichen Menschen umgeht und sie entsprechend anspricht. »Du kannst nicht sagen, du hast jetzt fünf in der Mannschaft, und du kannst die in jeder Situation gleich ansprechen«, sagt sie. Kommunikation ist situationsabhängig. Gute Führungskräfte behandeln nicht immer alle Mitarbeiter gleich, sondern müssen individuelle Bedürfnisse und Persönlichkeiten mitberücksichtigen. Da kann der Mannschaftssport Vorbild sein: »Es gibt Spielerinnen, die brauchen eine andere Ansprache als man selbst. Und dann muss der Trainer oder die Trainerin halt auch anders damit umgehen.«

Fachkompetenz ist ebenfalls entscheidend. »Du musst das große Ganze sehen und versuchen, jeden Einzelnen irgendwie besser zu machen oder mit seinen Stärken und Schwächen zu sehen«, sagt Annike Krahn. Leader müssen wissen, wie sie die Leute mit ihren einzelnen Stärken und Schwächen entsprechend zusammensetzen. »Da eine Mannschaft zusammenzustellen ist schon auch ein Stück weit Kunst.« Die richtige Mischung ist in der Mannschaft oder dem Team wichtig, »weil wenn du nur Alphatiere hast, ist es schwierig«. Erfolgreiche Leader lassen die Teammitglieder gut dastehen beziehungsweise bringen sie weiter. So schaffen sie ein gutes Gesamtergebnis.

Gute Trainer wissen die einzelnen Spieler entsprechend zu coachen. Für Annike Krahn ist die ehemalige Nationaltrainerin Silvia Neid da ein gutes Beispiel, »die mir trotz meiner Schwächen quasi die Chance gegeben hat, weil ich glaube nicht, dass ich von den technischen, taktischen Fähigkeiten immer die beste Spielerin war«. Die Trainerin hat ihr Talent gesehen und eine Persönlichkeit, die der Mannschaft guttut. »Wir haben irgendwann ein Vertrauensverhältnis gehabt, wussten wie der andere tickt, und ich glaube, das ist auch wichtig für eine Führungskraft, dass sie weiß, wie der andere vielleicht auch in unterschiedlichen Situationen tickt«, sagt Annike Krahn.

Die ehemalige Nationalspielerin weiß, dass Unternehmen und Mitarbeiter vor allem in der Anpassungsfähigkeit aus dem Spitzensport lernen können. Dabei geht es nicht nur um Niederlagen, sondern auch darum, Verantwortung zu übertragen. Spieler müssen zum Beispiel auch zum Teil allein trainieren und das bedeutet, dass man ihnen eine gewisse Eigenverantwortung übertragen und ein entsprechendes Vertrauen haben muss.

Vom Frauenfußball kann man viel lernen: Teamfähigkeit und Teamgeist, die Fähigkeit, in der Mannschaft oder dem Team Kompromisse einzugehen, und Durchsetzungsfähigkeit, wenn es einmal nicht so gut läuft. Annike Krahn ist sich erst nach dem Sport bewusst geworden, wie viel sie eigentlich durch das Team gelernt hat.

Die Karriere nach der Karriere: Frühzeitige Planung ist wichtig

Annike Krahn beendete 2017 ihre aktive Fußballkarriere. Da hatte sie mit knapp zweiunddreißig Jahren hundertsiebenunddreißig Länderspiele auf dem Konto. Heute ist sie hinter den Kulissen aktiv und spricht sich unter anderem für mehr Frauen in Führungspositionen im Fußball aus. Und das auch im Männerfußball. Sie ist sich bewusst, dass die Situation im Frauenfußball immer noch schwieriger ist, als bei den Männern. Das zeigte sich auch in der Coronapandemie und dem Re-Start der Bundesliga. So war es für Frauen schwierig, sich vor dem ersten Spiel eine Woche in Quarantäne zu begeben, denn etliche Spielerinnen müssen neben dem Sport arbeiten, um überhaupt ihren Lebensunterhalt bestreiten zu können.

Annike Krahn hat recht frühzeitig geplant, was nach der Fußballkarriere kommen könnte, »auch wenn ich da vielleicht noch gar nicht genau wusste, wann das sein wird«. Sie machte ihr Abitur in Bochum und studierte anschließend Sport mit dem Schwerpunkt Management an der Ruhr-Universität Bochum. Das war ein normales Präsenzstudium, das sie neben dem Fußball machte. »Von daher fing ich da eigentlich schon an, mich auf einen Job nach dem Fußball vorzubereiten«, erzählt sie. Annike Krahn war zu dem Zeitpunkt gerade in die Bundesliga gewechselt und damit in eine recht ungewisse Zukunft. Schon früh versuchte sie auch praktische Erfahrung zu sammeln und machte zum Beispiel ein Praktikum in der Marketingabteilung des VfL Bochum. 2010 machte sie ihr Diplom in Sportwissenschaften, arbeitete anschließend im Organisationskomitee der Fußball-WM in Bochum und betreute unter anderem das Förderprogramm Mädchenfußball. Zudem nutzte sie Weiterbildungsangebote der Deutschen Sporthilfe. Dazu gehörten zum Beispiel ein Bewerbungstraining, ein Mentoring-Programm und das Eliteforum, bei dem Sportler auf Vertreter aus Wirtschaft, Politik und Medien treffen. Ob eine derartige frühzeitige Vorbereitung auf die spätere Karriere auch für andere Fußballerinnen geeignet ist, hänge aber vom Persönlichkeitstyp ab, sagt die ehemalige Fußballerin.

Annike Krahn sagt, dass auch Familie und Freunde wichtig sind, wenn es um das Leben nach dem Profisport geht, da diese als Außenstehende eine andere Perspektive mitbringen. Es sei wichtig, »wenn du generell ein Umfeld hast, das die Bedeutung der Karriere nach der Karriere deutlich macht und dir an der einen oder anderen Stelle mal verdeutlicht, dass Fußball total super, aber auch nicht alles ist«. Diese externe Unterstützung wird insbesondere dann bedeutend, wenn

Manager und Coaches die Karriere abseits des Sports nicht unterstützen, weil sie nicht wollen, dass Sportler abseits des Spielfelds noch anderen anstrengenden Tätigkeiten nachgehen. Jungen Sportlern aber würde sie immer den Tipp geben, eine Form der Ausbildung zu machen – sei es die klassische Berufsausbildung oder ein Fernstudium, denn gerade in Deutschland zähle die Ausbildung immer mehr als die Stärken, die man im Profisport entwickele.

Annike Krahn begann zunächst, im Deutschen Fußballmuseum in Dortmund zu arbeiten, erst ein paar Stunden, dann auf einer halbe Stelle, in der sie für die Veranstaltungsorganisation und Gästebetreuung zuständig war. Schließlich wechselte sie zum Fußball- und Leichtathletikverband Westfalen, wo sie in der Projektkoordination arbeitete, und absolvierte ein Fernstudium bei der UEFA – ein spezielles Angebot für ehemalige Nationalspieler. Für die Präsenzphasen in London, Dortmund, Barcelona, Paris, New York und bei der UEFA wurde sie freigestellt oder nahm sich Urlaub.

Im Sport zu bleiben war für Annike Krahn eine bewusste Entscheidung. Grundsätzlich fände sie es gut, wenn mehr ehemalige Spielerinnen in Führungsebenen aufsteigen würden, denn sie haben oft ein gutes Verständnis für die Situation der Spielerinnen und der Mannschaft. Es bedarf mehr Frauen in verantwortlichen Positionen. Dass Frauen-Nationalmannschaften von weiblichen Trainerinnen geführt werden, ist inzwischen nicht mehr so ungewöhnlich, umgekehrt ist es aber noch ein langer Weg: Frauen sind als Trainerinnen im Männerfußball eine Seltenheit. Dabei bringen Frauen laut Annike Krahn viele Fähigkeiten mit, die sie für Führungsrollen besonders geeignet machen: »Ich glaube, dass Frauen tatsächlich ein bisschen mehr auf die Mitarbeiter eingehen und dass sie ein bisschen mehr das große Ganze sehen und nicht nur den Konkurrenzkampf mit ihrem Nebenmann und dieses Machtausspielen.«

Dabei gehe es auch um Vielfalt. »Frauen sind auf der einen Seite offener und empathischer im Umgang mit Mitarbeitern, aber auf der anderen Seite auch sehr zielorientiert.« Unternehmen beispielsweise haben sich dahingehend verändert, dass Mitarbeiter stärker involviert sind, und statt des alten patriarchalischen Führungsstils bedarf es entsprechend größerer Empathie und neuer Denkansätze. Frauen bringen diese neuen Denkansätze mit. Dass sie nicht stärker in Führungspositionen vertreten sind, dafür hat Annike Krahn eine einfache Erklärung: »Männer entscheiden sich erst mal für Männer. Die kennen es halt auch nicht anders in vielen Unternehmen.« Eine klare Quote könnte entsprechend dabei helfen, diese Denkweise zu durchbrechen. Kompetenz und nicht Geschlecht sollte für die Position im Unternehmen und in Fußballteams entscheidend sein.

4.2 Laura Benkarth: Spaß und Leidenschaft bringen Motivation

Die Null muss stehen, heißt es immer so schön im Fußball. Aber das trifft in der Tat auf nur wenige Torhüter im Fußball zu. Mit 885 Minuten ohne Gegentor ist immer noch Timo Hildebrand vom VfB Stuttgart auf Platz 1. Das war im Jahr 2003. Platz 2 ist der Titan Oliver Kahn und heutige Präsident des FC Bayern München mit 805 Minuten. Den dritten Rang sichert sich Manuel Neuer mit 771 Minuten. Eine Person aber fehlt noch in der langen Liste dieser herausragenden Torwarte: Laura Benkarth – auch beim FC Bayern München im Tor – steht ihren männlichen Kollegen nämlich in nichts nach. Laura hat es 2020 geschafft, 783 Minuten ohne Gegentor zu bleiben. Und wenn ich noch ihre Spiele aus dem DFB-Pokal und der Champions League dazuzählen, dann wäre sie die unangefochtene Nummer 1 – und somit besser als Dino Zoff. Der hielt sechsundvierzig Jahre lang den Rekord. Aber genug mit den Statistiken, denn der Mensch Laura Benkarth ist viel interessanter als die Zahlen.

Wer für den FC Bayern München auf das Spielfeld läuft, der bekommt automatisch das »Mia san Mia«-Gen mit eingepflanzt. Laura Benkarth wechselte von der heimischen Kulisse Freiburgs in die Weltmetropole München und zu einem, wenn nicht sogar zu dem Top-Verein der Liga. Wer in München gegen den Ball tritt, der ist automatisch zum Erfolg verdammt. Ich fand es schon immer spannend, wie Menschen mit solch einem Druck umgehen.

Die Wahrscheinlichkeit, dass man als Torhüterin beim FC Bayern viele Gegentore kassiert, mag vielleicht von vornherein etwas geringer sein, aber ist das wirklich besser oder einfacher? Es kommt ja nicht alleine darauf an, ob man viele oder wenige Schüsse auf das Tor bekommt. Es kommt darauf an, dass man die Schüsse hält. Und manchmal kann das in einem Spiel nur ein einziger guter Schuss sein, aber dann musst du da sein, präsent sein, sonst bist du schnell der Depp vom Dienst. Dann zählt auch nicht mehr das ganze Gerede von »Wir gewinnen als Team und verlieren als Team«. Die Erfolgserwartung baut für Torwarte entsprechenden Druck auf. Doch so wie ich Laura kennengelernt habe, hat sie die notwendige Ruhe, um dem Druck standzuhalten.

Beim FC Bayern die Nummer 1, in der Nationalmannschaft die Nummer 2. Wer als Feldspieler auf der Ersatzbank sitzt, der hat natürlich eine höhere Wahrscheinlichkeit, eingewechselt zu werden. Welchen Antrieb hat man da als Nummer 2, wenn man sonst die Nummer 1 ist? Beweisen muss sich Laura Benkarth immer – ganz egal, ob im Spiel oder im Training, bei Bayern München oder in der Nationalmannschaft. Aber wie vereinbart man es, seine eigenen Wünsche zum Wohle der Mannschaft hintanzustellen?

Von klein auf auf dem Sportplatz unterwegs

Laura Benkarths sportliche Karriere begann, als sie noch zu klein war, um eine bewusste Entscheidung für den Profisport zu treffen: Sie spielte Fußball, seit sie fünf Jahre alt war. »Ich war immer ein eher untypisches Mädchen. Ich habe schon im Kindergarten sehr, sehr gerne mit Jungs gespielt«, sagt Laura Benkarth. »Das hat mir immer mehr Spaß gemacht.« Ihr Vater spielte Fußball und so war sie viel auf Sportplätzen unterwegs. Irgendwann fragte sie ihre Eltern, ob sie auch Fußball spielen dürfe. »Ich bin dann mit fünf in den Verein und da habe ich mit den Jungs gespielt.« Von diesem Zeitpunkt an nahm die Fußballkarriere ihren Lauf. »Ich war schon immer ein aktives Kind und Sport hat mir einfach Spaß gemacht, also draußen auf der Straße zu spielen, beim Nachbarn zu klingeln und auf den Basketballplatz zu gehen und ein bisschen auf den Korb zu werfen«, erzählt sie. »Tischtennis habe ich auch gerne gespielt, oder ich bin Inliner gefahren, oder meine Eltern sind mit mir Skifahren gegangen. Wir waren da sehr aktiv und deswegen war ich schon immer sportlich.« Das Tischtennisspielen gab sie irgendwann zugunsten des Fußballs auf.

Die Liste mit Laura Benkarths internationalen Erfolgen ist lang: U17-Europameisterin 2009, U20-Weltmeisterin 2010, Zweite der U20-Weltmeisterschaft 2012, Europameisterin 2013, Olympiasiegerin 2016. Durchgeplant war dieser Erfolg nicht. »Klar, man hat den Traum, einmal in der Bundesliga zu spielen, aber dass es auch so klappt – auch mit der Nationalmannschaft –, das hätte ich am Anfang glaube ich nicht erwartet«, sagt Laura Benkarth über den Verlauf ihrer Karriere. Genauso wenig hatte sie ursprünglich geplant, einmal Torhüterin zu werden: »Das war Zufall. Ich habe nicht im Tor angefangen, aber dann gab es ein Hallenturnier und ich war körperlich die Größte bei den Jungs und da hat der Trainer gesagt: ›So Laura, du gehst jetzt heute ins Tor‹, und dann stand ich da und es hat auch ganz gut geklappt.« Zunächst wechselte sie bei ihrem Heimatverein SV Biengen zwischen dem Tor und der Sturmspitze, entschied sich dann aber für die Torwartposition. Von diesem ursprünglichen Wechsel zwischen verschiedenen Positionen hat Laura Benkarth letztlich sehr profitiert, denn von modernen Torhüterinnen wird erwartet, dass sie auch auf dem Feld mitspielen können.

Irgendwann musste sie dann von der Jungenmannschaft zu den Mädels wechseln, weil das Training mit den Jungs nur bis zu einem gewissen Alter erlaubt war, und so gelangte sie zu ihrem zweiten Verein, dem FC Wolfenweiler-Schallstadt. Nach einem Sichtungsturnier gelangte sie in die südbadische Auswahl und der SC Freiburg wurde auf sie aufmerksam.

Das Training hat bei Laura Benkarth natürlich viel Zeit in Anspruch genommen. Hinzu kam das Auswahltraining. Das war immer an einem anderen Ort und so musste sie ein- bis zweimal die Woche hin- und herfahren. Mit vierzehn oder fünfzehn hatte sie noch keinen Führerschein und so war sie auf die Unterstützung durch die Eltern angewiesen. »Mama oder Papa haben mich immer gefahren und da ging schon viel Zeit drauf.« Da viele Lehrgänge auch erst spät begannen, verpasste Laura Benkarth vieles – Geburtstage oder Familienfeiern zum Beispiel. »Da muss man halt einfach Prioritäten setzen«, sagt die Torhüterin. Ihre Eltern haben Laura Benkarths Karriere stets unterstützt. »Ich glaube, meine Eltern haben einfach gesehen, dass es mir unglaublich viel Spaß gemacht hat.« Auch war schnell zu erkennen, dass die Tochter das entsprechende Talent mitbrachte, um erfolgreich zu sein. Die Trainer bestätigten das. Vielen jungen Sportlern hilft es, wenn sie Unterstützer haben, die ihnen gut zureden und an sie glauben.

In Freiburg, wo Laura Benkarth aufgewachsen ist, spielte sie erstmals für eine professionelle Mannschaft. Doch der Wechsel war hart: Die ersten zwei Jahre saß sie auf der Bank und das Training war anstrengend, gleichzeitig aber profitierte sie davon, dass die damalige Torhüterin des Vereins, Marisa Brunner, zeitgleich Nationaltorhüterin der Schweiz war. Laura Benkarth spielte plötzlich auf einem ganz neuen, hohen Niveau. Um mehr Spielpraxis zu bekommen, half sie zudem weiterhin in der zweiten Mannschaft aus, in der sie ursprünglich gestartet war. Und dann folgte das erste Bundesligaspiel. Marisa Brunner fiel wegen einer Verletzung aus und Laura Benkarth überzeugte als ihr Ersatz. Für sie war das ein Wendepunkt.

Beginnend mit der Saison 2012/13 wurde Laura Benkarth zur unumstrittenen Nummer 1 im Freiburger Tor. 2014 wurde sie dann ergänzend zur Kapitänin ernannt. Knapp vier Jahre später, zu Saisonbeginn

2018/19, wechselte sie schließlich zum FC Bayern München – eine große Umstellung für die Fußballerin, denn zum ersten Mal war sie damit weg vom bekannten Zuhause und der alten Mannschaft, von Freunden und Familie. Dennoch war es für sie zu dem Zeitpunkt der richtige Schritt: »Es war Zeit für mich, aus dem Nest zu gehen«, sagt sie. Der FC Bayern München ist für sie heute eine zweite Familie, die sie von Anfang an gut unterstützte, als sie direkt nach dem Wechsel aufgrund einer Verletzung für einige Zeit ausfiel.

Der Spaß am Fußball war wichtiger als nur Talent oder Fleiß

Als junge Fußballerin hatte Laura Benkarth selbst Fußballhelden als Vorbilder. Ronaldo war einer davon. Laura Benkarth hatte eines seiner Trikots. Als sie dann anfing, im Tor zu spielen, wechselten auch die Vorbilder: Oliver Kahn, Gianluigi Buffon oder auch Richard Golz vom SC Freiburg. Die Torwartposition bringt im Fußball einige Besonderheiten mit sich und dazu gehört nicht nur der Leistungsdruck und gegebenenfalls die Enttäuschung der Fans, gelingt dem Gegner einmal ein unglückliches Tor. Auch ist es für Torhüter schwerer, zum Einsatz zu kommen, wenn sie nicht die unangefochtene Nummer 1 sind. Als Feldspieler ist die Chance da größer. Laura war nicht immer die Nummer 1 und sagt heute: »Es gab auch einmal eine Phase, die für mich nicht so gut lief, aber da habe ich versucht, mich wieder zurückzukämpfen, und das habe ich auch immer wieder ganz gut geschafft.«

Darüber hinaus in die Nationalmannschaft aufgenommen zu werden, macht natürlich jeden Sportler glücklich – da nimmt man auch die Nummer 2 in Kauf, wie das bei Laura Benkarth der Fall war. »Man wünscht sich natürlich auch, dass man öfter zum Einsatz kommt, aber trotzdem ist es ja immer noch eine Mannschaftssportart«, sagt die Fußballerin. »Ich bin dann trotzdem niemand, der dann anfängt irgendwie rumzustehen, weil ich jetzt mit meiner eigenen Situation nicht immer zufrieden bin, sondern ich unterstütze die Mannschaft. Es macht trotzdem Spaß, im Training mit den Mädels auf dem Niveau zusammenzuspielen und auch die Turniere zu bestreiten.« Man versuche, immer die beste Leistung zu erbringen und sich bestmöglich anzubieten. »Alles andere hat man halt nicht in der Hand«, sagt Laura Benkarth. Ihr ultimatives Ziel – als Spieler oder Teamleader – ist es, »einfach noch einmal Titel zu holen«, sei es mit der deutschen Meisterschaft, im Pokalturnier oder in der Champions League – und Wolfsburg als stärksten Konkurrenten zu schlagen. Und dafür gibt sie alles. Selbst auf der Ersatzbank.

Laura Benkarth sagt über sich selbst: »Ich hatte schon Talent. Also definitiv.« Später aber hat sie gemerkt, dass das alleine nicht reicht und sie mehr machen muss. Zum Talent kam der nötige Fleiß hinzu. »Ich glaube, es ist beides zusammen. Talent bringt ja nichts, wenn du nichts daraus machst«, sagt sie rückblickend auf die eigene Erfahrung. »Aber Fleiß allein reicht auch nicht. Wenn jemand einfach kein Ballgefühl hat, dann kann er noch so viel trainieren und es wird für den ganz, ganz schwer, oben anzukommen. Aber wenn man beides kombiniert, dann ist es glaub ich das Beste, was man machen kann.« Wer tatsächlich weniger Talent hat, kann trotzdem noch etwas daraus machen: »Ich glaube schon, dass Fleiß und Disziplin sehr wichtig sind.« Wer zum Beispiel technisch stark ist, aber kein Lauftraining macht, wird auf dem Platz nicht die nötige Leistung abrufen können. Fleiß kann dabei nicht nur bedeuten, viel Zeit in das Training zu investieren, sondern auch auf verschiedene Dinge zu verzichten. »Das habe ich ja früher auch schon getan, dass mir halt Fußball immer wichtiger war, als zu Freunden zu gehen.« Oder wenn die Schüler in der Realschule zusammenstanden, um zu rauchen, dann hat sich Laura Benkarth davon distanziert. Der Fußball war ihr wichtiger.

Entscheidend für den Erfolg war bei ihr der Spaß am Sport. »Wenn du keinen Spaß und keine Leidenschaft für etwas hast, dann kommst du glaub ich einfach nicht weit. Sobald der Spaß verloren geht, kann man auch die Leistung nicht mehr abrufen.« Hätte sie keinen Spaß an der Sache gehabt, dann hätte Laura Benkarth es in ihrer Karriere nie so weit geschafft. »Es gibt immer mal wieder Phasen, die sind halt eine schwere Zeit, da macht es vielleicht auch nicht ganz so viel Spaß. Aber da erinnert man sich dann daran, warum man das eigentlich macht«, sagt Benkarth. »Im Endeffekt ist das auch so wie in der Schule: Wenn du Fächer hast, die dir Spaß machen, dann bist du meist automatisch besser als in Sachen, die dich einfach nicht interessieren.« Laura Benkarth lebt ihren persönlichen Traum: »Ich kann jeden Tag aufstehen und das machen, was mir Spaß macht, und damit auch noch Geld und meinen Lebensunterhalt verdienen«, sagt sie. »Ich könnte mir zum Beispiel schwer vorstellen, momentan morgens um sieben Uhr aufzustehen, ins Büro zu gehen und um siebzehn Uhr nach Hause zu kommen und den ganzen Tag im Büro zu sitzen.«

Es sind dabei bestimmte Aspekte des Spiels und des Trainings, die sie besonders reizen: »Die Bälle rauszuholen und vor allem in einem Teamsport zu sein macht mir unglaublich viel Spaß«, sagt sie, »vor allem wenn man halt einmal enge Spiele gewinnt und sich dann gemeinsam freuen kann.« Das Spiel sei voller Emotionen und »auch wenn es mal nicht so läuft, steht man nicht alleine da. Man hat immer

Leute um sich, mit denen man darüber reden kann, die die gleichen Situationen durchmachen. Und das hilft«. Man erlebe alle Dinge – positiv und negativ – gemeinsam.

Teil eines Teams zu sein heißt auch, sich kontinuierlich an neue Gegebenheiten anzupassen. Als Laura Benkarth zum FC Bayern München wechselte, musste sie sich daran gewöhnen, dass sie plötzlich im Tor nicht mehr so viel zu tun hatte. Mit Unterstützung des Trainers fand sie eine neue Rolle und andere Möglichkeiten, die Mannschaft vom Tor aus zu unterstützen. Sie mag es beispielsweise, wenn sie hinten mitspielen kann, »es gibt ja Spiele, die laufen, da kann man sich hinten rauslösen und versuchen, Lösungen zu finden«. Torhüter zu sein ist für sie mehr, als nur die Bälle vor und im Tor zu blocken und sie dann nach vorne zu passen.

Beim Thema Spaß liegt für Laura Benkarth eine große Gemeinsamkeit zwischen dem Sport und Unternehmen. Auch hier ist das Teamgefüge entscheidend und Spaß kann ein wichtiger Motivationsfaktor sein. »Die Frage ist natürlich: Haben die Mitarbeiter ihren Traumjob? Das ist die erste Frage, die sich Mitarbeiter stellen sollten: Fahr ich zur Arbeit und habe ich wirklich Spaß an der Arbeit, oder fahr ich nur, weil es Mittel zum Zweck ist und ich damit Geld verdiene?« Natürlich hat nicht jeder die Chance, wie Laura Benkarth den absoluten Traumjob zu ergreifen, aber für die Torhüterin ist klar: »Man kann niemanden zu einer Arbeit motivieren, die einem einfach keinen Spaß macht.«

Ein wichtiger Faktor für den Spaß am Sport oder im Job ist das Team. »Manchmal passt es einfach«, sagt Laura Benkarth über eine gute Teamstruktur. Das betrifft beispielsweise die unterschiedlichen Charaktereigenschaften und Typen im Team. Vereine achten deshalb bei der Rekrutierung sehr genau darauf, ob die Spielerinnen auch zusammenpassen – fußballerisch und menschlich. Darüber hinaus gibt es aber Teambildungsmaßnahmen in der Vorbereitungsphase und auch die Spielerinnen organisierten gemeinsame Aktivitäten wie beispielsweise Grillabende, sagt Laura Benkarth. »Ich denke, es ist einfacher, wenn man Freundschaften entwickelt. Man vertraut Freunden anders als einfach nur Arbeitskollegen«, erklärt sie.

Ein gutes Team wächst aber nicht nur durch Erfolge, sondern auch durch Niederlagen zusammen. Fehler gehören für Laura Benkarth deshalb beim Sport dazu, auch wenn es natürlich nicht immer einfach ist, diese zu akzeptieren. »Gerade wenn man als Torhüterin einen Fehler macht, kann man schon einmal dafür verantwortlich sein, dass die Mannschaft verliert«, sagt sie und ergänzt: »Wichtig ist, dass man aus den Fehlern lernt und sie nicht zu negativ sieht.« Beim nächsten Mal könne man es immer besser machen – vorausgesetzt, man analysiert den Fehler und trainiert entsprechend. Negative Situationen zu verarbeiten erfordert aber tatsächlich große mentale Stärke, insbesondere in einer verantwortungsvollen Position wie der einer Torhüterin. »Wenn dir nach zehn Minuten ein doofes Tor passiert, sind noch immer achtzig Minuten zu spielen, und dann muss man versuchen, das schnellstmöglich abzuhaken.«

Rückblickend auf ihre bisherige Karriere und das eine oder andere verpatzte Spiel sagt Laura Benkarth, dass sie ohne den Spaß sicherlich irgendwann aufgegeben hätte. Gerade nach einer Verletzung fällt es schwer, die Motivation weiter aufrechtzuerhalten. Lässt die Motivation permanent nach, dann sei es »definitiv der richtige Zeitpunkt, dass man damit aufhört«.

Irgendwann schleichen sich bei Leistungssportlern die ersten Gedanken ein, wie lange man die Karriere noch machen kann und wie lange die Gesundheit noch mitspielt. Auch Familienplanung spielt bei der Karriere von Fußballerinnen eine Rolle, denn anders als bei männlichen Fußballern ist das im Frauenfußball noch immer ein neues und kompliziertes Thema. Auch wenn für Torhüterin Laura Benkarth ein Karriereende mit Ende zwanzig nicht infrage kommt, so sagt sie: »Ich kann mir durchaus vorstellen, auf eine Trainerposition zu gehen, also nicht als Mannschaftstrainer, sondern als Torwarttrainer, so was in die Richtung.« Sie will auch in Zukunft im Sportbereich arbeiten, sagt sie. Über das, was nach der Karriere kommt, macht sich Laura Benkarth keine Sorgen, denn neben dem Sport hat sie Abitur gemacht und studiert. Es gab also immer einen Plan B, der den Druck reduziert hat, sollte es mit der Profikarriere nicht klappen.

Ganzheitliches Training als Erfolgsgrundlage – aber ohne Verbissenheit

»An Stärken zu arbeiten, macht meistens mehr Spaß«, sagt Laura Benkarth über das Training und den Einsatz. Woran man mehr arbeite, Stärken oder Schwächen, sei aber schwer zu sagen. Natürlich versuche man immer, Schwächen und Defizite auszugleichen, insbesondere nach einer Verletzung. So hatte sie eine Knieverletzung und trainierte anschließend entsprechend die Muskulatur. Aber sie arbeitet auch an den Stärken, »um besser zu werden und um die Stärken noch ein Stück weiter zu stärken«.

Ganzheitlichkeit beim Training und dem Lebensstil spielt dabei ebenfalls eine Rolle: »Ich achte schon darauf, dass ich mich gut ernähre, dass ich viel trinke, dass ich nicht erst um zwei Uhr nachts ins Bett gehe«, erzählt Laura Benkarth. Vor einem Spiel könne man nicht am Abend zwei Gläser Wein trinken. Aber: »Ich bin jetzt auch niemand, der da verbissen ist und sagt: ›Oh, ich kann das jetzt nie essen.‹« Nach dem Spiel könne man auch einmal eine Pizza, einen Burger oder Schokolade essen – als eine Belohnung für die Psyche. Der Koch beim DFB beispielsweise macht selbst Sauerteigbrot und Laura Benkarth und ihre Mannschaftskolleginnen haben inzwischen einen Sauerteig im Kühlschrank, den sie regelmäßig füttern, um Sauerteigpizza zu machen. »Wir schicken uns immer gegenseitig Bilder und beraten uns gegenseitig.«

Gute Kommunikation – und das nicht nur in Sachen Pizza – ist eines der wichtigsten Dinge für ein funktionierendes Team, »weil man der Mitspielerin durch kleine Kommandos enorm helfen kann. Gerade ich sehe von hinten natürlich mehr – auch was im Rücken der Spielerinnen abgeht«. Standards werden vorher eingeübt – ebenso wie die dazugehörigen Signale. Wird der Zopf noch einmal zurechtgerückt, dann wissen die anderen Spielerinnen, was kommt, verrät Laura Benkarth einen ihrer Tricks.

Vor dem Spiel muss das Team verbal auf ein gemeinsames Ziel eingeschworen werden. Auch das gehört zu einer guten Kommunikation. »Das macht definitiv ein paar Prozente aus, ob ein Trainer die Mannschaft mitnehmen kann oder nicht«, sagt sie und ergänzt: »Es ist wichtig, dass ein Trainer eine gerade Linie hat und dass er zu seinem Wort steht. Wenn man irgendwann als Spielerin merkt, er hat mir das erzählt, aber die Taten, die er folgen lässt, die passen überhaupt nicht dazu, dann verliert man das Vertrauen in den Trainer.« Gute Trainer müssen in der Lage sein zu kommunizieren, warum ein Spieler aus taktischen Gründen nicht zum Einsatz kommt. Das habe eine andere Wirkung, als wenn das ohne Gespräch oder Erklärung erfolgt.

Kommunikation heißt aber auch immer Kommunikation nach außen. Manche Klubs beispielsweise nennen einen vorderen Tabellenplatz als Vereinsziel, obwohl man eigentlich davon ausgehen kann, dass jeder gerne Deutscher Meister werden möchte. Manchmal würde man das machen, um die Mannschaft zu schützen, sagt Laura Benkarth, weil man das nicht rausposaunen möchte. Jeder möchte gewinnen und das sorgt natürlich für einen gewissen Druck durch die Öffentlichkeit – beim Männerfußball stärker als beim Frauenfußball. »Wenn sich jemand hinstellt: Wir wollen Deutscher Meister werden, da stürzen sich die Medien halt drauf«, sagt Laura Benkarth. Nach innen kann die Kommunikation eine ganz andere sein, denn ein klares Ziel kann auch positiven Erfolgsdruck schaffen. Das aber ist ein Balanceakt. »Ich glaube, es kommt vielleicht darauf an, was man für eine Mannschaft hat, weil du ja unterschiedliche Typen von Menschen hast und manche tun sich vielleicht leichter mit der Rolle: ›Wir schauen von Spiel zu Spiel und sind gar nicht der Favorit.‹«

In der Freiburger Mannschaft war es zum Beispiel so, dass man wusste, gegen Wolfsburg oder Bayern »hast du nichts zu verlieren«. Immerhin sind das die stärksten Mannschaften im deutschen Frauenfußball, und da zu gewinnen ist nicht einfach. Ohne große Erwartung, aber mit viel Motivation zeigte sich: »Wir haben da meistens unsere besten Spiele gemacht.« Bei Bayern sei das etwas anders: Da würde schon erwartet, dass die Mannschaft gewinnt, sagt Laura Benkarth. Da selbstbewusst und ganz normal reinzugehen sei wiederum Kopfsache. »Wir sind ein super Team und da kann nichts schiefgehen, wenn wir an uns selber glauben.«

Es ist einfacher, messbare Ziele zu definieren

Im Mannschaftssport arbeitet man grundsätzlich gemeinsam auf Ziele hin und setzt sich dabei auch die entsprechenden Zwischenziele. Laura Benkarth sagt aber auch, dass man sich darüber hinaus immer persönliche Ziele setze, beispielsweise was die Gegentore angeht oder ein mutigeres Spiel bei den Flanken. Erfolg und Misserfolg, gutes und schlechtes Spiel sind für Spieler manchmal einfach nur ein Gefühl und lassen sich nicht konkret messen, weil es bei der persönlichen Leistung nicht nur um Tore geht, sondern auch darum, die eigenen Fähigkeiten voll auszuschöpfen. Da brauche man dann entsprechend Rückmeldung vom Trainer oder »man macht eine Videoanalyse, wo man sich wieder daran erinnert und darauf achten kann. Aber es ist halt schwer, wenn man jetzt nicht nach Punkten oder Toren geht, das dann konkret messbar zu machen«. Hinzu kommt, dass bei elf Spielerinnen oft ein ganz unterschiedliches Empfinden vorherrscht, wie das Spiel eigentlich gelaufen ist. Deshalb sei es einfacher, wenn ein Ziel wirklich messbar sei.

Die Frage ist auch immer, wo man mit dem Mannschaftsziel anfängt. Setzt man sich beispielsweise zuerst das übergeordnete Ziel und bricht es dann herunter auf einzelne Zwischenschritte? Man kann sich zum Beispiel das große Ziel Champions League oder deutsche Meisterschaft setzen, darf dabei aber nicht die einzelnen Spiele aus den Augen verlieren. Das macht die Zielplanung etwas komplizierter. Laura Benkarth fand hier Teilschritte und Zwischenerfolge immer sehr hilfreich, weil man sonst immer dieses große, unerreichbare Ziel vor Augen habe. »Und so hast du halt Zwischenziele, die du noch abhaken kannst, worüber du dich freuen kannst, weil du den ersten Schritt erreicht hast«, sagt sie. Das ist ein bisschen wie bei einer To-do-Liste. Es motiviert für den restlichen Tag, wenn man bereits am Morgen einige Punkte abgehakt hat, selbst wenn das nur ein paar kurze E-Mails sind.

Das Erreichen der Ziele ist immer eine Kopfsache. Gerade in der ersten Liga ist kein Spiel leicht und erfordert stets Arbeit und vollen Einsatz. Dabei besteht immer die Gefahr, dass man sich unbewusst denkt: Heute reicht auch ein bisschen weniger für den erhofften und angestrebten Gewinn. Natürlich nehme man Gegner immer ernst, doch wenn man als Bayern München antritt und der Gegner in der gesamten Saison gerade einmal zwei Punkte geholt hat, dann muss man aufpassen, den Gegner nicht zu unterschätzen. »Ich glaube, das ist ganz, ganz entscheidend, dass man in jedem Spiel mit dem Kopf dabei ist«, sagt Laura Benkarth.

Erfolg hängt neben den Spielern auch von den Trainern und Leadern innerhalb der Mannschaft ab, die nach einer vergeigten Champions League oder einem verlorenen DFB-Pokal die Mannschaft zusammenhalten und neu motivieren. Eine gute Leadership-Figur ist für Laura

Benkarth jemand, der als Vorbild vorangeht, »der die Dinge, die er sagt, auch selber umsetzt«. Er oder sie muss selbst die Werte leben. Es ist aber auch jemand, der menschlich ist und mit den Teamkameraden spricht, wenn es jemandem nicht gut geht. Stammspieler können eine Leadership-Rolle spielen, weil sie die Mannschaft auf dem Platz führen. Laura Benkarth war bei Freiburg lange Kapitänin und damit in einer Leadership-Position, und auch bei Bayern München versucht sie die Mannschaft zu unterstützen und zu pushen. Nach dem Wechsel musste sie, eine neue Rolle finden und in diese hineinwachsen, »aber ich denke, da bin ich auf einem guten Weg, wieder mehr Verantwortung auf dem Platz zu übernehmen«.

4.3 Alexandra Popp: Vielseitigkeit als Erfolgsfaktor

Wir trafen uns kurz nach Alexandra Popps Geburtstag. Für die Statistikfans: Alexandra Popp hat in ihrer Nationalmannschaftskarriere einhundertelf Spiele gemacht und dabei sagenhafte dreiundachtzig Tore erzielt. So gehört es sich auch für eine Stürmerin mit dem Format einer Alex Popp, zweifelsohne eine der Topstars der Bundesliga und der Nationalmannschaft. Das Internetportal »sportbuzzer.com« zeichnete Alex Popp sogar mit dem neunzehnten Platz der besten Fußballspielerinnen der Welt aus. Sie wurde gleich sechsmal Deutscher Meister, gewann achtmal den DFB-Pokal, zwei Mal die Champions League und einmal den UEFA Women's Cup, den Vorgänger der Champions League. Und dann ist da natürlich noch die Goldmedaille bei den Olympischen Spielen. Alexandra Popp hat damit so ziemlich alles erreicht, was man im Fußball erreichen kann. Sie ist ein Vollblutprofi und dann auch noch meinungs- und lautstark. Halt typisch Alex Popp.

Wer auf Alex Popp trifft, der trifft auf eine selbstsichere Frau. Natürlich prägt das Leben einen Menschen und für Alexandra Popp war das die Zeit bei Schalke 04. Dort trainierte sie als Jugendliche als das einzige Mädchen im Schultraining. Das Training mit den Jungs hat nicht nur ihre Selbstsicherheit beeinflusst, sondern sicherlich auch ihre Spielweise.

Die Fußballerin hilft und unterstützt gerne andere, immer im Dienst für die Mannschaft. Während der Coronakrise unterstützte sie beispielsweise die Stiftung »We kick Corona« von Joshua Kimmich und Leon Goretzka. Ihre Hilfsbereitschaft liegt vermutlich auch an ihrem

Beruf als staatlich geprüfte Tierpflegerin. So ist es auch nicht verwunderlich, dass auf Alexandra Popps Instagram immer mal wieder eine Vermisstenanzeige für Hunde auftaucht.

Jeder, der mit Alexandra Popp spricht – und dann auch noch über ihr Herzensthema Fußball –, der bekommt aber auch schnell die kritische Alexandra Popp zu sehen, eine Alexandra Popp, die sich für bessere Strukturen im Vereinsfußball einsetzt, die für sich für eine Frauen-Bundesliga mit Vollprofis ausspricht und die sich vehement für Gleichbehandlung und gegen Diskriminierung einsetzt.

Vom Fußball in der Jungenmannschaft zur Rekordspielerin

Alexandra Popp, die Fußballerin der Jahre 2014 und 2016, wird von allen eigentlich nur Alex genannt und hat im Fußball so gut wie jede Position belegt: Abwehr, Mittelfeld und Sturm. Sie steht beim deutschen Top-Verein VfL Wolfsburg unter Vertrag und spielt seit 2010 regelmäßig für die deutsche Nationalmannschaft. »Grundsätzlich zum Sport gekommen bin ich eigentlich durch die Familie«, sagt die Fußballerin. »Mein Papa hat Fußball gespielt, ich habe einen vier Jahre älteren Bruder, der Fußball spielt. Mein Opa hat Fußball gespielt und demnach war ich eigentlich als kleiner Stöpsel gefühlt jedes Wochenende entweder in einer Sporthalle oder auf einem Sportplatz. Und ich habe dann auch mit vier Jahren direkt angefangen«, erzählt sie über den Beginn ihrer Sportlerkarriere. Alexandra Popp ist mit dem Mannschaftssport aufgewachsen und hat dort in den Teamkolleginnen zeitgleich auch Freundinnen gefunden. »Das ist eigentlich das Größte«, sagt sie.

Fußball stand für sie aber tatsächlich nicht immer im Mittelpunkt: Im Alter von etwa sechs Jahren probierte sich Alexandra Popp in der Leichtathletik aus. »Aber da wussten meine Eltern schon, dass ich das definitiv nicht weitermachen werde«, auch wenn sie das damals selbst noch nicht ahnte. »Die haben mich auch gar nicht erst beim Fußballverein abgemeldet, sondern haben gesagt, das ist sicherlich nur eine Phase.« Und da hatten sie recht. Nach gerade einmal einem Jahr war sie wieder ganz zurück beim Fußball. »Es hat mir einfach nicht so viel Spaß gemacht«, sagt Alexandra Popp über die Leichtathletik. »Natürlich spiele ich nebenbei auch gerne andere Sportarten, aber Fußball ist dann doch das Nonplusultra.« Was ihr bei der Leichtathletik am meisten gefehlt hat, ist das Gemeinschaftliche.

»Wann immer ich auf dem Fußballplatz war, war ich nie alleine, es waren immer noch viele andere Kinder in meinem Alter dort und wir haben immer zusammengespielt. Und dieses Zusammenspielen war für mich immer ganz, ganz wichtig und ein wertvoller Bestandteil des Fußballs. Deswegen hat es mich, glaube ich, dann am Ende auch wieder zurück zum Fußball gezogen.«

Alex Popp begann ihre Karriere beim FC Schwarz Weiß Silschede in Gevelsberg und spielte bis zum Alter von vierzehn Jahren in der gemischten Mannschaft. Dann musste sie zwangsweise in die Frauenmannschaft wechseln, weil die Regularien das so vorsehen. Später wechselte sie zum 1. FFC Recklinghausen, mit dem sie 2008 nur knapp am Aufstieg in die Regionalliga West scheiterte. Stattdessen wechselte sie zur Saison 2008/09 zum FCR 2001 Duisburg und spielte im September 2008 ihr erstes Bundesligaspiel. Ein verlockendes Angebot des französischen Spitzenvereins Olympique Lyon aber schlug sie zu diesem Zeitpunkt aus. Sie wollte erst einmal in Deutschland hochkommen, sagt sie heute. »Ich bin auch ganz gerne in der Nähe meiner Familie und von daher hat es sich für mich nie so hundert Prozent richtig angefühlt zu sagen, ich gehe ins Ausland, und von daher habe ich Olympique Lyon immer wieder abgesagt«, erzählt die Fußballerin. »Es ist nicht mein Traum, unbedingt einmal im Ausland spielen zu wollen oder zu können. Das bin ich nicht. Dafür bin ich nicht so der Typ.«

2010 wurde Alexandra Popp beim DFB-Hallenpokal Torschützenkönigin und 2012/13 wechselte sie schließlich gemeinsam mit einer Teamkollegin zu ihrem heutigen, langjährigen Heimatverein, dem VfL Wolfsburg. Mit dem Verein gewann sie ihr erstes Tripple: deutsche

Meisterschaft, DFB-Pokal und Champions League. Ein Double folgte auch im Jahr darauf – dank Alexandra Popps Siegtreffers gegen den 1. FFC Frankfurt in der 89. Spielminute. Wolfsburg brauchte da den Sieg, Frankfurt hätte ein Unentschieden gereicht, um Deutscher Meister zu werden.

Auch international erzielte Alexandra Popp schnell viele Erfolge. Im Mai 2008 wurde sie Europameisterin mit der U17-Nationalmannschaft und schoss im Finale gegen Frankreich das 2:0. Im Februar 2010 spielte sie dann erstmals in der A-Nationalmannschaft und gab ihr Debüt im Spiel gegen Nordkorea. Beim Algarve Cup gelang ihr gegen Finnland das erste Länderspieltor. Größeren Torerfolg aber hatte sie mit der U20-Nationalmannschaft bei den Weltmeisterschaften 2010. Sie gewann nicht nur mit der Mannschaft den Titel, sondern traf auch in jedem Spiel. Dafür erhielt sie von der FIFA den »Goldenen Schuh« als beste Torschützin und den »Goldenen Ball« für die beste Spielerin des Turniers. Mit zehn Toren hält sie gemeinsam mit zwei weiteren Spielerinnen den Torrekord bei den U20-Weltmeisterschaften.

Ein Jahr später gehörte sie dann zum deutschen WM-Kader und kam in allen vier Spielen durch Einwechselung zum Einsatz. Bei der EM-Qualifikation im selben Jahr stellte die deutsche Frauen-Nationalmannschaft einen Rekordsieg mit siebzehn Toren auf. Dabei schoss Popp vier Tore, ebenfalls eine Rekordzahl, die nur von sieben anderen deutschen Spielerinnen in einem Länderspiel erreicht wurde. 2015 wurde Alexandra Popp dann in den Kader für die Weltmeisterschaft 2015 in Kanada berufen und kam in sechs Spielen zum Einsatz. Die deutsche Nationalmannschaft belegte nach einer Niederlage gegen

England allerdings nur den vierten Platz. Ein Jahr später war sie erneut Teil des deutschen Kaders – dieses Mal bei den Olympischen Spielen in Brasilien –, wo sie in allen sechs Spielen spielte und ihr zweites Nationalmannschaftstor schoss. Die deutsche Mannschaft gewann und Alexandra Popp ist somit olympische Goldmedaillengewinnerin. Sie erhielt dafür das Silberne Lorbeerblatt des Bundespräsidenten.

2017 allerdings konnte sie verletzungsbedingt nicht an der Europameisterschaft teilnehmen. Dafür führte sie 2019 bei der Weltmeisterschaft in Frankreich die Mannschaft als Spielführerin auf das Spielfeld und erzielte im Achtelfinale beim hundertsten Spiel für die Nationalmannschaft ein Kopfball-Auftakttor. Leider fiel die Mannschaft dann aber im Viertelfinale gegen Schweden frühzeitig aus.

Ein starker Willen, um sich auch bei den Jungs durchzubeißen

»Ich muss wirklich sagen, dass ich erst ganz spät oder relativ spät angefangen habe, mir überhaupt darüber Gedanken zu machen, Fußball professionell spielen zu können oder zu wollen, oder auch später in der Nationalmannschaft zu spielen und Deutschland zu vertreten. Das muss ich leider zugeben«, sagt Alexandra Popp. Bis zum dreizehnten oder vierzehnten Lebensjahr, als für sie der Wechsel in eine reine Mädchenmannschaft anstand, war für sie der Mädchen- oder Frauenfußball überhaupt nicht präsent. »Es gab für mich nur den Jungen- oder Männerfußball«, sagt sie. Kurz vor dem Wechsel in die Mädchenmannschaft wollte Alex Popp tatsächlich ganz aufgeben, »weil ich so naiv war und gesagt habe, keine anderen Mädchen können Fußball spielen«, gibt sie zu. »Gott sei Dank haben mir meine Eltern und auch mein damaliger Trainer gehörig in den Hintern getreten und mich dann doch dazu animiert, dort zum Training zu gehen, bis ich dann festgestellt habe, dass es auch noch viele andere Mädels gibt, die gut Fußball spielen können. Und dann habe ich mich auch richtig mit dem Thema Mädchen- und Frauenfußball beschäftigt.« Dazu gehörte die Erkenntnis, dass es sogar eine Frauenfußballnationalmannschaft und eine Erste Bundesliga für Frauen gibt. »Das war mir vorher absolut fremd.«

Ihre Eltern hatten am Anfang einen großen Einfluss auf Alexandra Popp, »also gerade mein Papa, der hat immer gesehen, was ich für ein Talent hatte und hat mich auch immer gefördert«. Und auch der erste Trainer bei den Mini-Kickern, der sie bis in die D-Jugend begleitete, unterstützte sie über einen langen Zeitraum. »Das waren in der Phase ganz, ganz prägende Personen, die mir gezeigt haben, was möglich ist und was sein kann«, sagt Alexandra Popp. Nicht selten musste sie angetrieben werden. Als es zum Beispiel darum ging, in der Verbandsauswahl Westfalen zu spielen, wollte sie nicht, schließlich kannte sie dort niemanden. Ihr alter Trainer fuhr sie zum Lehrgang, gab ihr entsprechendes Rückgrat und sagte: »Pass auf, wir fahren da jetzt hin. Du schaust dir das an, du trainierst mit und wenn du dann immer noch sagst ›Das ist richtig Kacke‹, dann setzt du dich wieder ins Auto und es geht zurück.« Aber sobald Alexandra Popp einen Ball auf dem Fuß hatte, war sie wieder glücklich. »Und das wusste er.«

Und dann war da die neue Verbandstrainerin und spätere U19-Nationaltrainerin, die sie ebenfalls entsprechend beeinflusste. »Ich glaube, die hat sich an mir die Zähne ausgebissen«, sagt Alexandra Popp. »Ich habe so viele Gespräche mit der geführt und ich habe gesagt:

›Nee, ist mir egal, das mache ich nicht.‹ Und dann hat sie ihr Ass aus dem Ärmel geholt, nämlich ihren Mann. Der war früher U15-Nationaltrainer der Mädchen und der hat mich dann auch noch einmal zur Seite genommen.« Das brachte sie zum Nachdenken. »Die haben mich eigentlich erst auf diesen Weg Leistungssport hingeführt«, sagt sie.

An Selbstbewusstsein mangelte es der Teenagerin eigentlich nicht, nur vor neuen Dingen schreckte sie oft zurück. »Ich kann jetzt nicht sagen, dass ich früher keine große Klappe hatte oder nicht selbstbewusst aufgetreten bin. Das war ich grundsätzlich schon, aber bei so neuen Sachen, wo ich niemanden kannte, da war ich dann doch immer eher zurückhaltend. Das kann ich gar nicht erklären, warum das so war«, erzählt Alexandra Popp. Umso erleichterter ist sie über die eigene Entwicklung hin zu einer Person, die ihre Meinung klar vertritt. »Natürlich auch so Zeiten, als ich bei den Jungs gespielt habe, in denen ich auch oftmals angeeckt bin, weil ich halt als Mädchen bei einer Jungenmannschaft gespielt habe und ich da oft mit Lästereien und Beschimpfungen und so weiter zu tun hatte. Und ich glaube, dass sie dadurch gesehen haben, die lässt sich nicht so einfach unterkriegen«, sagt Alexandra Popp. »Ich bin schon immer sehr, sehr ehrgeizig gewesen und habe es von klein auf gehasst zu verlieren.« Darüber hinaus brachte sie aber auch das nötige Talent mit.

Um an die Spitze zu kommen, braucht es neben dem Talent auch viel Fleiß

Fehlendes Talent könne man bis zu einem gewissen Punkt sicherlich durch Fleiß ausgleichen, sagt Alexandra Popp. »Ob man es dann wirklich bis ganz hoch an die Spitze schafft, finde ich ganz schwer zu beurteilen. Alle Spielerinnen und Spieler, die ich auf hohem Niveau kenne, die haben auch einfach ein Riesentalent.« Um dann aber auf diesem Niveau mithalten zu können, seien auch der entsprechende Fleiß und Disziplin notwendig. Dadurch, dass Alexandra Popp sich schon immer sehr schnell und sehr früh durchsetzen musste, und dadurch, dass sie mit dem älteren Bruder und Jungs zusammenspielte, hat sie eine große mentale Stärke aufgebaut. »Das ist ein ganz großer Charakterzug bei mir, der sehr wichtig ist und der mein Spiel auch komplett ausmacht, muss ich sagen.«

Dass sie mehr kann als andere Fußballerinnen, wurde Alexandra Popp klar, als sie das erste Mal den Verein wechselte. Nach zwei Jahren in der Mädchenmannschaft ihres alten Vereines kamen die ersten Bundesligavereine auf sie zu. Da war sie gerade einmal fünfzehn Jahre alt. »Und da ist mir dann eigentlich klar geworden, dass da noch mehr in mir steckt«, sagt sie. Als sie dann 2008 die erste WM mit der U17-Mannschaft spielte, nahm sie der damalige Trainer Ralf Peter zur Seite und sagte ihr, »wenn ich weiter dranbleibe und ich weiterarbeite, dann spiele ich 2011 eine Frauen-Weltmeisterschaft im eigenen Land. Erst habe ich gedacht, der erzählt irgendeinen Blödsinn. Ich war zu dem Zeitpunkt siebzehn und für mich war das irgendwie noch ganz, ganz weit weg. Aber es hat mich gekitzelt«. Und so hat sie entsprechend an sich gearbeitet und das Beste aus sich herausgeholt. »2008 war ich dann auch in die Bundesliga gewechselt und das war dann so der große Knackpunkt«, erzählt Alexandra Popp. »Und dann ging es Gott sei Dank bergauf und ich habe tatsächlich 2011 in der ersten Frauenmannschaft eine WM gespielt.«

Alex Popp hat viel Zeit in die Karriere investiert. Das begann ebenfalls in etwa zu dem Zeitpunkt, als sie in die Frauen-Bundesliga wechselte. »Ich bin da nebenbei dann auch noch auf die Fußball-Eliteschule von Schalke gewechselt und da war ich den ganzen Tag nicht zu Hause«, erzählt sie. Die Familie wohnte in Gevelsberg und so war es zur Schule jeden Tag gut eine Dreiviertelstunde Fahrt. Alex Popp musste also früh aufstehen. »In der dritten und vierten Stunde war für uns Fußballer Training angesagt, zwei-, dreimal die Woche. Diese Stunden, die wir da trainiert haben, mussten wir dann immer individuell hinten dranhängen«, erzählt sie. Und so dauerte der Schultag gerne einmal bis siebzehn Uhr. Da sie noch keinen Führerschein hatte, holte ihre Mutter sie meistens ab. »Und wir sind von da aus direkt nach Duisburg zum Training gefahren. Ich habe da dann mein Training absolviert und war dann meistens gegen Abend um neun oder halb zehn erst zu Hause. Da musste ich noch meine Hausaufgaben machen«, erzählt Alexandra Popp. »Oder ich habe sie mal nicht gemacht. Das gebe ich auch zu.« Am nächsten Tag ging es wieder von vorne los. Geburtstage oder Feiern hingegen ließ sie oft ausfallen, weil einfach keine Zeit mehr dafür da war. »Man hat schon viel auf der Strecke liegen lassen, um dann beim Sport auch wirklich erfolgreich zu werden.« Am Ende habe sich das aber gelohnt, sagt Alexandra Popp mit einem Blick auf die eigene Erfolgsliste und Titelsammlung. »Aber natürlich gibt es immer wieder Phasen, wo du enttäuscht und traurig bist oder dir die Frage stellst: Lässt du das jetzt echt alles liegen für den Sport? Aber am Ende, wenn du erfolgreich bist und die Pokale in der Hand halten darfst, dann weißt du, warum du es getan hast.«

Kommunikation von Zielen: Guter Tabellenplatz oder gleich Deutscher Meister?

Alexandra Popp hatte und hat das Glück, von Anfang an in zwei der besten deutschen Vereine zu spielen. »Der VfL Wolfsburg hat sich in den letzten Jahren da hingearbeitet. Zuvor war es der FCR Duisburg, als ich da hingewechselt bin, standen die schon oben«, erzählt die Fußballerin. »Man ist quasi in diesen Erfolg hineingewachsen.« Und das führt zu einer entsprechenden Erfolgserwartung. Schon beim Training hasst es Alexandra Popp zu verlieren und hat hohe Erwartungen an sich selbst. Und »es gibt eine gewisse Erwartung, die der Verein an die Mannschaft hat«, sagt sie. Schließlich kennt der Verein die Qualität der Mannschaft und was sich aus ihr herausholen lässt. Auch die Spielerinnen entwickeln dafür ein Gespür, heute als Teil der »alten Garde« nimmt Alexandra Popp jüngere Spielerinnen bei der Hand und zeigt ihnen, was geht. Die Ziele werden innerhalb der Mannschaft und mit dem Trainer ausgearbeitet und kommuniziert. Dafür gibt es entsprechende Meetings und Besprechungen, in denen man klare Zielsetzungen formuliert. »Ich glaube, ohne Ziel einen Sport zu betreiben, macht gar keinen Sinn«, sagt Alexandra Popp. »Und du musst das Ziel oder die Ziele auch klar aussprechen. Und in meinem Fall war es Gott sei Dank immer ein erfolgreiches oder ein sehr hoch gestecktes Ziel.« Bei der Definition der Ziele arbeiten die Sportlerinnen und der Trainer eng zusammen und führen Einzelgespräche. »Und ich glaube, das ist wie so ein Ausschlussverfahren, also wenn jetzt sechzig Prozent der Mannschaft sagen, ›Ich will Deutscher Meister werden‹, dann ist das das gesteckte Ziel«, sagt sie. Mit dem VfL Wolfsburg ist zum Beispiel das Ziel ganz klar die Meisterschaft und daraus entwickelt sich dann die entsprechende Strategie.

Neben den Mannschaftszielen hat Alexandra Popp auch persönliche Ziele: Das Standing oder die Position innerhalb der Mannschaft zum Beispiel. Es kann ein Ziel sein, den schwachen Fuß zu trainieren oder die Passquote zu verbessern. »Ich weiß zum Beispiel, dass ich eine relativ schlechte Passquote habe, weil ich sehr risikoreich spiele, aber trotzdem setze ich mir jedes Mal aufs Neue Ziele, um immer besser zu werden. Es wurmt mich, wenn ich weiß, ich hatte in der letzten Saison eine Passquote von vielleicht siebzig Prozent und diese Saison hatte ich jetzt nur fünfundsechzig Prozent. Das würde mich schon sehr aufregen und da würde ich dann auch versuchen, weiterhin daran zu arbeiten. Das ist ganz klar.« Sie gibt zu, dass sie neben dem Mannschaftstraining eigentlich »noch zu wenig« an sich selbst arbeitet. »Um ehrlich zu sein, ich stehe jetzt keine Stunde nach dem Training noch da und mache irgendwas. Ich bin dann ganz gerne noch so zwanzig Minuten, fünfundzwanzig Minuten nach dem Training noch mal da und leg mir die Bälle hin oder so was. Das mach ich schon«, sagt sie. Aber so viel Zeit wie Cristiano Ronaldo oder David Beckham investiere sie nicht, auch wenn sie vielleicht mit mehr Training noch besser werden könnte. »Aber da bin ich dann manchmal doch ein bisschen zu faul.«

Eine Besonderheit in Alexandra Popps Karriere ist, dass sie mehrfach die Position auf dem Spielfeld wechselte – je nach Bedarf der Mannschaft. Und so spielt sie in der Bundesliga auch nicht auf ihrer Lieblingsposition. »Ich bin jetzt mal so selbstbewusst zu sagen, wenn ich mal über mehrere Spielzeiten vorne an der Spitze gespielt hätte, wäre ich vielleicht auch unter Europas Fußballern oder Weltfußballern zu finden. Dadurch, dass ich aber nicht die Chance hatte, in den letzten Jahren mal kontinuierlich über mehrere Jahre auf einer

Position zu spielen, ist mir das halt leider verwehrt geblieben.« Aber sie hatte Erfolg mit ihrer Mannschaft und das steht für Alexandra Popp an erster Stelle. Weltfußballerin, Europas Nummer 1 oder Torschützenkönigin, das sind für sie lediglich Zusätze, »die passieren können, wenn ich eine gute Saison gespielt habe«.

Neben dem Training ist das Thema Ganzheitlichkeit ein wichtiger Aspekt, also die Kombination von Mentaltraining, Schlaf oder Ernährung. »Schlaf ist mir schon sehr, sehr wichtig, gerade in meiner Regeneration«, sagt Alexandra Popp. Bei der Ernährung ist sie nicht so kleinlich: Sie ernährt sich gesund, aber der eine oder andere Burger ist auch erlaubt, wenn sie darauf Lust hat. »Das hat für mich aber auch etwas mit der emotionalen Lage zu tun. Ich habe jetzt nicht Bock auf den Burger, weil er schmeckt, sondern einfach, weil mein Körper mir sagt: Boah, ich brauche jetzt gerade so einen Unsinn«, erzählt die Fußballerin. Belohnungen gehören für Sportler mit dazu. Für Alexandra Popp ist aber nicht der Burger nach dem Spiel, sondern die Familie die größte Belohnung, zu wissen, dass sie nach Hause kommt und jemand wartet auf sie. »Ich gehe auch sehr gerne mit meinem Hund spazieren, was für mich auch eine Belohnung ist.« Zum Ausgleich braucht sie Zeit für Dinge und Menschen, die ihr wichtig sind. »Und was grundsätzlich nicht fehlen darf, ist am Morgen das Nutella-Brot.«

Ein Stoß in die richtige Richtung

Spaß und Leidenschaft am Sport sind für Alexandra Popp die wichtigsten Motivationsfaktoren. Darüber hinaus motivieren sie die Erfolge und das Feiern mit der Mannschaft nach einem Sieg. »Jeder Sportler weiß, die Vorbereitung ist total zum Kotzen, und da denke ich mir jedes Mal aufs Neue: Was mache ich hier eigentlich? Aber sobald du mit der Mannschaft auf dem Platz stehst und Fußball spielst, dann ist es weg.« In schwierigen Situationen braucht sie keinen Honig ums Maul, sondern eher einen Stoß in die richtige Richtung. Und dafür ist der Trainer zuständig.

Ein guter Trainer zeichnet sich für Alexandra Popp vor allem durch Fachkompetenz aus. Er hat einen Spielplan und sollte dieser nach zehn Minuten nicht funktionieren, weiß ein kompetenter Trainer direkt, was zu tun ist. Auch kommunikativ müsse er auf der richtigen Basis stehen, »also nicht nur mit den Spielerinnen, sondern auch mit dem kompletten Stuff-Team«. Und das reicht vom Trainingsteam über das Teammanagement bis hin zur medizinischen Abteilung. »Das finde ich immer ganz, ganz wichtig, dass die Zahnräder wirklich ineinandergreifen und man miteinander arbeitet«, erklärt Alexandra Popp. »Das, finde ich, zeichnet einen sehr guten Trainer aus.« Auch sollte der nicht zu verbissen sein. Natürlich brauche es einen gewissen Ehrgeiz, einen entsprechenden Fokus und eine angemessene Distanz zu den Spielerinnen, gleichzeitig sollte er aber keine Scheuklappen haben und »auch mal einen Spaß mitnehmen«. Und er sollte nicht arrogant sein, sagt Alexandra Popp.

Zur Fachkompetenz gehört es, die Abläufe zu kennen. »Als Trainer bist du dafür da, das, was auf dem Platz passiert, den Spielern so zu übertragen, dass sie dies bis ins kleinste Detail kapieren und auch umsetzen können.« Das heißt der Trainer muss das System der gegnerischen Mannschaft richtig einschätzen und einen Plan haben, wie man am besten dagegen agiert. Verschiedene Spielsysteme können sich gegenseitig aushebeln. Deshalb braucht der Trainer ein entsprechend gutes Auge.

Dabei ist die Frage immer: Versucht man dem Gegner das eigene Spiel aufzudrücken oder passt man sein Spiel der gegnerischen Strategie an? Alexandra Popp mag es nicht, wenn man plötzlich alles anders macht, nur weil ein erfolgreicher Gegner vor der Tür steht. »Ich bin da lieber die, die an die eigenen Stärken glaubt und das auch durchzieht.« Sie räumt aber ein: »Es gibt natürlich immer so kleine Nuancen, die man dann vielleicht doch noch mal verändern muss.« Veränderungen in der Strategie und Spielzüge auf dem Platz müssen natürlich entsprechend kommuniziert werden. Im Fußball passiert das oft nonverbal. Manchmal ist ein kurzer Moment, in dem man sich in die Augen schaut, spielentscheidend. Sieht eine Mitspielerin zum Beispiel ein wenig verzweifelt aus, dann weiß Alexandra Popp, dass sie Unterstützung braucht. Ein selbstbewusster, klarer Blick signalisiert das Gegenteil. »Es sind einfach nur kleine Sachen. Wenn du nebeneinander herläufst, das Abklatschen mit der Hand oder einfach nur kurz mit der Hand hinten auf den Rücken, solche Sachen, um dem Mitspieler zu zeigen: Gut gemacht! Oder: Hey, ich bin da!« Körpersprache spielt hier also eine wichtige Rolle. »Läufst du als Führungsspieler gerade mit rundem Rücken und gesenktem Kopf, dann merkt das die Mannschaft. Bist du aber präsent und hast du eine gute Körpersprache, dann merken sie das ebenso.« Darüber pushen sich die Spieler auch verbal gegenseitig. »Solche Sachen sind wahnsinnig wichtig im Mannschaftssport. Ich glaube, wenn wir uns gar nicht angucken würden oder uns gar nicht unterhalten würden, ich glaube, der ganze Fußball würde dann völlig zerfallen, weil jeder seinen eigenen Plan oder seine eigene Idee im Kopf hat. Aber durch die Kommunikation schmiedest du halt einen Plan und der wird dann mit geballter Faust auf das Spielfeld getragen.«

Als Führungsspielerin kommt Alexandra Popp dabei eine besondere Rolle zu und sie kümmert sich um Themen wie die Teamentwicklung. Tatsächlich redet sie viel mit der Mannschaft, um den Mitspielerinnen ein gutes Gefühl zu geben. Spielerinnen, die oft auf der Bank sitzen, erklärt sie beispielsweise, warum sie trotzdem gebraucht werden, »weil Spielerinnen, die oft auf der Bank sind, am Ende meistens sogar noch ein Spiel drehen und kippen können, weil sie mit frischem Wind eingewechselt werden und dann richtig explodieren können«. Und dann geht Alexandra Popp natürlich mit gutem Vorbild, der richtigen Körpersprache und dem richtigen Einsatz voran.

Täglich im Rampenlicht: Am Ruhm gewachsen

Alexandra Popp steht als Profifußballerin täglich im Rampenlicht. »Ich würde schon sagen, dass ich dadurch gereift und in einem gewissen Maße gewachsen bin, weil das natürlich auch Erfahrungs- und Entwicklungsschritte sind, die man mit den Jahren natürlich geht«, sagt sie. Als Person, sagt sie, habe sie sich aber nicht verändert: »Ich würde sagen, ich bin genauso bodenständig, wie ich es vorher war.« Neben der medialen Aufmerksamkeit müssen Profisportler auch lernen, mit Niederlagen und Enttäuschungen umzugehen. Für Alexandra Popp war das die Europameisterschaft 2013. Damals wurde die Mannschaft Europameister und sie wäre eigentlich als Teil der Mannschaft dabei gewesen, doch dann verletzte sie sich kurz vor dem Turnier und kam nicht zum Einsatz: »Nein, ich bin leider nicht Europameister geworden. Ich war verletzt. Das nervt mich manchmal schon, dass ich einfach zwei große Turniere durch Verletzungen verpasst hab und eines davon auch noch sehr erfolgreich war.«

Das Thema Verletzungen führt bei Sportlern zwangsläufig zu einem anderen, eher unbequemen Thema: dem Karriereende. Für Alexandra Popp ist es noch zu früh, um mit dem Sport aufzuhören, doch die Gedanken kreisen immer wieder durch den Kopf. Schließlich kann das jederzeit passieren. Eine Europameisterschaft und eine Weltmeisterschaft würde sie gerne noch spielen, denn beide hat sie noch nicht gewonnen. »Dieser letzte Stoß, dieses letzte Bauchgefühl in mir, ist noch nicht ausreichend, um zu sagen: Ich höre jetzt auf.«

Mit Blick auf die Zukunft nach dem Fußball sagt Alexandra Popp: »Ich werde mit großer Wahrscheinlichkeit erst einmal eine Familie gründen.« Und beruflich? »Kann ich gar nicht sagen. Ich glaube, dass sich da einige Türen öffnen werden, die mit Sicherheit auch sehr naheliegend sind. Gerade im Sport oder auch im Fußball«, sagt sie. Später einmal Trainerin zu sein kann sie sich derzeit aber nicht vorstellen. »Ich bin glücklich und froh, dass ich viel erleben durfte und viel rumgekommen bin in der Welt, viele unfassbar tolle Menschen kennenlernen dufte. Aber wenn ich im Leistungssport Trainer bin, dann bin ich wieder genauso unterwegs, wie ich es selbst als Spieler bin. Und das möchte ich nicht mehr.« Weiter im Fußball zu arbeiten, zum Beispiel für den DFB, kann sie sich dennoch gut vorstellen. »Es schwirren viele Dinge in meinem Kopf. Aber zu hundert Prozent sagen kann ich es nicht. Ich weiß nur, dass ich nicht dauernd wieder unterwegs sein möchte.«

Alexandra Popp hat viele Erinnerungen an den Fußball und weitere Zukunftsträume. 2014 bei der deutschen Meisterschaft zum Beispiel köpfte sie in der 89. Minute den entscheidenden 2:1-Treffer, der der Mannschaft den Titelgewinn einbrachte. »Ziemlich geil. Das war ein

Wahnsinnsgefühl und da hatten wir auch gleich zwölftausend Zuschauer im Stadion. Das ist halt ein Mega-Traum«, sagt die Fußballerin. Privat ist sie Dortmund-Fan und so würde sie gerne einmal im Dortmunder Stadion vor achtzigtausend Zuschauern spielen – und auch noch das Tor treffen.

4.4 Think-Gold-Transfer Frauenfußball: Mehr Frauen an die Spitze

Frauenfußballerinnen sind gut im Zeitmanagement und in der Organisation. Zwangsweise! Denn viele Fußballerinnen sind keine Profis und müssen neben dem Sport noch einem weiteren Beruf nachgehen. Berufsleben und Spitzensport zu kombinieren, das erfordert genaue Planung und gute Managementfähigkeiten, bringt aber auch den Stress einer Doppel- und Dreifachbelastung mit sich. Viele Frauen im Berufsleben sind in einer ähnlichen Situation und wegen der Doppelbelastung oft größerem Stress ausgesetzt als ihre männlichen Kollegen. So haben Studien gezeigt, dass Frauen deutlich mehr burn-out-gefährdet sind als Männer, unter anderem wegen der (psychischen) Belastung zu Hause. Die Quote der Berufsunfähigkeit bei Frauen steigt, das Alter sinkt. Damit ist der Frauenfußball vielleicht die Sportart, die am nächsten am echten Leben ist.

Mehr Frauen in Führungspositionen können in dieser Situation tatsächlich helfen, da sie oft eine neue Perspektive mitbringen, die den männlichen Kollegen fehlt. Annike Krahn spricht sich grundsätzlich für mehr Frauen im Fußballmanagement aus. Sie fände es gut, wenn mehr ehemalige Spielerinnen eine Führungsposition bei Vereinen oder Verbänden anstreben würden, da sie ein besseres Verständnis für die Situation von Frauen im Spitzenfußball hätten. Frauen bringen neue Führungsansätze mit und viele Fähigkeiten, die sie besonders geeignet machen für Spitzenpositionen. Oft sind sie bereits an eine Doppelbelastung gewöhnt und sehen das große Ganze, statt nur die Machtspiele mit dem Nebenmann. Auch braucht es im Fußball grundsätzlich mehr Vielfalt und Frauen seien da laut Annike Krahn häufig offener. Dass Frauen in Fußball-Spitzenpositionen bisher so rar sind, dafür macht Annike Krahn die Rekrutierungsprozesse verantwortlich: Männer entscheiden sich bei Kandidaten erst einmal für andere Männer. Das ist nicht unbedingt ein bewusster Prozess, sondern mag mit der normalen menschlichen Psyche zusammenhängen. Wir fühlen uns oft zu Menschen hingezogen, die uns ähnlich sind. Wer also in einer Männerdomäne agiert, wird sich eher für einen Kandidaten entscheiden, der in das altbekannte Profil passt. Diesen Denkprozess zu durchbrechen ist schwierig. Daher steht immer wieder eine Quote zur Debatte, um Frauen überhaupt den Zugang zu solchen Männerdomänen zu ermöglichen. Für die Zukunft hat Annike Krahn aber die Idealvorstellung, dass die Kompetenz und nicht das Geschlecht für eine Stellenvergabe entscheidend ist.

Teambildung als Erfolgsfaktor: Mannschaftsstärke statt Egoismus

Nicht nur die Führungsstärke von Frauen kann man sich beim Frauenfußball abgucken. Die Erfolgsfaktoren lassen sich auch hier auf das normale Leben übertragen. Im Frauenfußball ist die Teamstruktur entscheidend für den Erfolg. Vereine achten daher bereits bei der Rekrutierung darauf, dass Charaktere und Typen zusammenpassen. Darüber hinaus helfen Teambildungsmaßnahmen in der Vorbereitung und gemeinsame Freizeitaktivitäten. Für Laura Benkarth ist zudem klar: Man vertraut Freunden mehr als nur reinen Arbeitskollegen. Genau deshalb ist es wichtig, dass man sich nicht nur in der Trainings- oder Arbeitssituation begegnet. Die Nähe zu den Teamkolleginnen ist auch für Alexandra Popp das Besondere am Frauenfußball, weil man im Team Freunde findet und gemeinsam mit den Teamkollegen das Beste aus sich herausholen kann. In der Leichtathletik, die sie auch ausprobierte, konnte sie das nicht finden: Das Gemeinschaftliche des Mannschaftssports fehlte ihr.

Ein wichtiger Faktor für eine gutes Zusammenspiel ist für Laura Benkarth der gemeinsame Teamgeist, der die Mannschaft zusammenschweißt. Auch wenn es einmal nicht gut läuft, hat man in der Mannschaft immer Menschen um sich, denen es ähnlich geht und mit denen man entsprechend darüber reden kann. Als Team erlebt man positive und negative Dinge zusammen. Ein Team wachse nicht nur durch Siege, sondern auch durch Niederlagen zusammen, sagt sie. Deshalb sind Niederlagen und Fehler nicht immer nur etwas Schlechtes: Aus Fehlern kann man lernen und man sollte sie daher laut Laura Benkarth auch nicht zu eng oder negativ sagen. Solange man diese hinterher entsprechend analysiert und trainiert, bieten Fehler die Chance, es besser zu machen. Zum Team gehören für sie aber nicht nur die elf Spielerinnen auf dem Platz. Auch auf der Ersatzbank sollte man versuchen, immer das Beste zu geben und die Mannschaft zu unterstützen, selbst wenn man über mehrere Spiele hinweg nicht zum Einsatz kommt. Gerade als Torwart, so wie Laura Benkarth, ist man schlichtweg nicht immer die Nummer 1. Im Training sollte man trotzdem alles geben und die nächstbeste Chance zum Einsatz ergreifen. Laura Benkarth hat dies am Anfang der Karriere erlebt, als sie regelmäßig gegenüber der erfahrenen Teamkollegin zurückstecken musste, dafür konnte sie aber beim Training viel von deren Erfahrung lernen. Erfahrene Kolleginnen können als Vorbilder funktionieren und die sind wichtig, um die eigenen Ziele und Hoffnungen zu definieren. Für Laura Benkarth änderten sich die Vorbilder mit der Entwicklung in der eigenen Sportkarriere – von Fußballern im Feld wie Ronaldo zu Torwart-Profis wie Oliver Kahn.

Grundsätzlich gilt: Wer neu auf einer Position ist, kann mit dem entsprechenden Einsatz viel von älteren und erfahrenen Kolleginnen lernen. Auch in der Wirtschaft ist man nicht immer die Nummer 1 und verbringt vielleicht einige Wochen oder Monate auf der Ersatzbank. Dennoch sollte man immer vollen Einsatz zeigen, wenn man gerade nicht die Fäden in der Hand hält und bei einem Projekt nicht zur ersten Wahl gehört. Das Einzige, was man selbst beeinflussen kann, ist die eigene Leistung.

Annike Krahn hat schon früh großen Ehrgeiz entwickelt. Schon als Kind mochte sie es nicht, bei einem Spiel zu verlieren – ganz egal, ob ein Brettspiel oder beim Fußball. Das hat sie auch in der Karriere angetrieben, insbesondere weil sie für den Fußball ihre größte Leidenschaft entwickelte. Annike Krahns Leben war vom Fußball bestimmt, dazu gehörte für sie ganz klar das Zugehörigkeitsgefühl zur Mannschaft. Das ist etwas, von dem man sich auch als Nichtsportler etwas abgucken kann: Wenn man einem Team angehört, mit dem man sich verbunden fühlt und dessen Leistung einem wichtig ist, dann motiviert das auf ganzer Linie. Teamarbeit und Mannschaftszugehörigkeit bringen darüber hinaus viele Möglichkeiten, etwas zu lernen. Annike Krahn zum Beispiel lernte so mit sehr unterschiedlichen Menschen, aber auch ihren eigenen Emotionen umzugehen – mit Siegen ebenso wie mit Niederlagen.

Laura Benkarth musste sich nach ihrem Wechsel zu Bayern München an ein neues Teamgefüge gewöhnen und das war nicht einfach, da sie zeitgleich verletzt war. Schnell fand sie aber erneut nicht nur gute Teamkollegen, sondern Freunde und den alten Spaß am Fußball. Teamgeist und Spaß lassen sich ihr zufolge auf Unternehmen übertragen. Man sollte sich zum Beispiel fragen, warum man den eigenen Job eigentlich macht. Diese Selbstreflexion hilft dabei, Motivationsfaktoren zu erkennen und gegebenenfalls den Anreiz zu einem Wechsel zu finden. Laura Benkarth glaubt, man könne niemanden dauerhaft motivieren, der keinen Spaß und kein Interesse an seiner Arbeit hat. Spaß und Leidenschaft sind die Kernfaktoren für (sportlichen) Erfolg.

Laura Benkarth macht darüber hinaus in der Kommunikation einen weiteren wichtigen Faktor für den Teamerfolg aus. Sie sieht hier den Trainer in der Verantwortung: Ein Trainer muss Ziele gut und ehrlich kommunizieren und Entscheidungen erklären, denn der Mannschaftssport lebt von einer gemeinsamen Zielsetzung. Im Fußball erfolgt diese Kommunikation zum Teil nonverbal über vorher abgesprochene Signale. Körpersprache ist daher für Alexandra Popp innerhalb der Mannschaft ein wichtiger Teil der Kommunikation: Eine gute Präsenz und eine entsprechende Körpersprache können positiven Einfluss auf das Team haben.

Erfolgsfaktoren der Spitzenfußballerinnen

Manche Erfolgsfaktoren der Spitzenfußballerinnen überschneiden sich mit anderen Sportarten. Auch im Frauenfußball gibt es beispielsweise die Frage, welche Rolle Talent und Fleiß für die Karriere spielen. Laura Benkarth brachte viel Talent mit, sagt aber, Talent alleine bringe nichts, wenn man nichts daraus macht. Gleichzeitig sei nur Fleiß auch nicht ausreichend, wenn man nicht zumindest ein gewisses Talent für den Sport mitbringt. Alexandra Popp glaubt, man könne fehlendes Talent bis zu einem gewissen Maße durch Fleiß ausgleichen. Es so an die Spitze zu schaffen, hält sie aber für schwierig bis ganz unmöglich.

Erfolg im Spitzensport ist neben dem Fleiß auch immer mit einem gewissen Verzicht verbunden. Gerade als Kind und Jugendliche verzichtete Laura Benkarth zum Beispiel auf Geburtstage oder Familienfeiern, weil ihr dafür angesichts des Trainings schlichtweg die Zeit fehlte. Alexandra Popp hat ebenfalls schon als Teenager viel Zeit und Energie in die Karriere investiert und ging als Teenagerin in die Eliteschule von Schalke. Neben der Schule gab es da dann entsprechende Trainingseinheiten und sie war abends stets entsprechend spät zu Hause und musste wie Laura Benkarth auf viele private Aktivitäten verzichten. Sie sagt, dass sich dieser Verzicht lohne, wenn einem die sportliche Karriere wichtig sei. Das zeige sich spätestens, wenn man einen Pokal in der Hand halte.

Grundsätzlich ist für viele Fußballerin der Spaß an der Sache entscheidend. Das ist zum Beispiel bei Laura Benkarth so: Geht der Spaß verloren, kann man nicht mehr die volle Leistung abrufen, insbesondere wenn man aufgrund der Karriere auf viele Dinge verzichten muss. Auch Alexandra Popp macht im Spaß und in der Leidenschaft die wichtigsten Motivationsfaktoren aus und liefert einen Schulvergleich: In Fächern, die man mag, ist man automatisch besser als in denen, die einem nicht liegen. Für sie macht die Freude auf der Siegesfeier mit dem Team auch die ungeliebte Vorbereitungsphase erträglich.

Um diesen Sieg zu erreichen ist ein gemeinsames Ziel wichtig. Alexandra Popp sagt: Ohne klare Zielsetzung mache es keinen Sinn, einen Sport zu betreiben. Der Trainer arbeite bei der Zielfindung und Zielsetzung eng mit der Mannschaft zusammen. Das sollten Business-Leader in ihren Teams auch tun, damit alle in die gleiche und in die richtige Richtung streben. Neben Mannschafts- und Teamzielen gibt es darüber hinaus individuelle Ziele der einzelnen Teammitglieder, die zu berücksichtigen und zu fördern sind – auch wenn natürlich das Gesamtziel an erster Stelle steht. Um die Ziele zu erreichen ist ein Blick auf die individuellen Stärken und Schwächen notwendig: An den Schwächen zu arbeiten und die Stärken zu verfeinern, das ist die Strategie von Alexandra Popp. Ein ganzheitlicher und gesunder Lebensstil ist ebenfalls wichtig. Laura Benkarth glaubt aber, dass man dabei nicht zu verbissen sein sollte und auch Alexandra Popp gönnt sich das morgendliche Nutella-Brot als kleine Sünde.

Unsicherheit und Rückschläge: Der Kampf gegen sich selbst

Auch selbstbewusste Personen mit einer großen Klappe können wie Alexandra Popp innere Unsicherheiten haben, zum Beispiel, wenn sie sich in einer unbekannten Umgebung bewegen. Dann braucht es die richtige Führungsfigur, die das sieht und erkennt, wenn ein »Nein« nicht auf einer rationalen, selbstbewussten Entscheidung beruht, sondern auf Ängsten, Unsicherheiten oder Sorgen, die sich in der Realität als unbegründet erweisen. Jemand muss den Weg »freischaufeln«. Die Unterstützung durch einen Trainer, die Familie oder Personen mit Vorbildfunktion ist daher gerade am Anfang der Karriere wichtig. Alexandra Popp musste manchmal durch die Trainer oder ihre Eltern sanft zu ihrem Glück gezwungen werden, denn die Fußballerin mochte als Teenager keine neuen Umgebungen, in denen sie niemanden kannte, und es war für sie schwierig, diese inneren Ängste und Unsicherheiten zu überwinden.

Annike Krahn ist willensstark und hat sich von externer Kritik nie unterkriegen lassen. Und zu Recht: Was man bei ihr oft kritisiert hat, schätzt man heute bei vielen männlichen Spielern, dazu gehören zum

Beispiel ihre langen Pässe. Die Sportkarriere war für Annike nicht immer einfach, aber sie sagt auch, dass man aus negativen Erlebnissen oft die größte Erfahrung ziehen könne. Das lernte sie durch ihren Aufenthalt in Paris. Die schwierige Phase war im Nachhinein wichtig für die Persönlichkeitsentwicklung, denn die Fußballerin lernte viel über Aspekte wie Motivation und Führungsstil. Man kann sich von Annike Krahn also einiges abgucken: Schwierige Phasen des Lebens sollte man als Lernprozesse sehen – und wenn es nur darum geht, zu erkennen, was man nicht machen möchte und nicht machen kann. So kann man in der Zukunft Dinge anders und besser machen.

Annike Krahn fand darüber hinaus Rückhalt in der deutschen Nationalmannschaft und bei der damaligen Trainerin Silvia Neid, ein gutes Beispiel für einen erfolgreichen Trainer. Für Laura Benkarth ist ein guter Trainer oder Leader auch gleichzeitig ein gutes Vorbild, das selbst die vorgegebenen Werte lebt, und für Alexandra Popp ist Fachkompetenz ein wichtiges Merkmal. Er oder sie habe nicht nur eine Strategie und einen Plan, sondern wisse auch, was man ändern muss, sollte die Strategie nicht aufgehen. Gute Trainer sind zudem gute Kommunikatoren – und das nicht nur mit dem Kernteam, sondern auch mit dem Mitarbeiterstamm rund um das Team. Sie alle sind Teil des Ganzen und müssen wie Zahnräder ineinandergreifen. Trainer sollten laut Alexandra Popp eine angemessene Distanz haben, aber offen sein für einen Spaß. Sie sollten von sich und ihrem Können überzeugt sein, aber nicht arrogant. Innerhalb der Mannschaft gibt es unterschiedliche Wege, zu kommunizieren und Ziele festzulegen. Das ist in Unternehmen genauso. Ziele können entweder von oben diktiert oder gemeinsam mit der Mannschaft ausgearbeitet werden. Welcher Ansatz besser ist, hängt von den Teammitgliedern ab und davon, welche Typen hier zusammenkommen. Annike Krahn bevorzugte es immer, in die Planung und Zielsetzung einbezogen zu werden, aber manchmal kann es auch überwältigend sein, wenn man als Teammitglied in jede Entscheidung integriert ist, und man bevorzugt vielleicht eine klare Entscheidung von oben.

Grundsätzlich sollten sich Führungspersonen bewusst sein: Unsicherheit in der Führung überträgt sich auch auf die Mannschaft. Ein guter Leader weiß ein Team zu führen und mit unterschiedlichen Menschen umzugehen, sagt Annike Krahn. Der Leader muss in der Lage sein, Teammitglieder individuell anzusprechen und Menschen mit ihren individuellen Stärken und Schwächen so zusammenzubringen, dass am Ende ein starkes Team dabei herauskommt, bei dem die individuellen Schwächen ausgeglichen sind. Annike Krahn mahnt: Nur Alphatiere im Team zu haben funktioniert ebenfalls nicht. Und: Führungskräfte sollten immer in der Lage sein, Verantwortung zu übertragen, wo das angemessen ist. Das hängt aber mit Vertrauen zusammen. Diese Erfahrung hat Annike Krahn oft in ihrer sportlichen Karriere gemacht.

Die Zeit nach der Karriere: Familienplanung und Zukunftsvisionen

Alexandra Popp entschloss sich erst recht spät bewusst für eine Profikarriere im Fußball. Sie war sich als Jugendliche gar nicht bewusst, dass Frauenfußball professionell möglich ist, da nur der Männerfußball eine entsprechende mediale Aufmerksamkeit genoss. Dies zeigt, dass man auch dann sehr erfolgreich sein kann, wenn man diese bewusste Entscheidung erst relativ spät trifft. Nicht immer kann man alles in der Karriere planen und manch erfolgreicher Karriereschritt basiert auf einem Zufall. So sagt Laura Benkarth, man wisse als

Jungspielerin nie, wann vielleicht ein Verein auf einen aufmerksam werde. Daher kann man zwar den Blick auf bestimmte Karriereschritte richten, ob das aber klappt, hänge von vielen externen Faktoren ab. Das ist auch für die Zeit nach der Karriere so, dennoch ist es gerade für Profisportler wichtig, sich frühzeitig Gedanken darüber zu machen, wie es nach dem Fußball weitergehen soll.

Laura Benkarth hatte immer einen Plan B, sollte es mit dem Fußball nicht klappen. Trotz Sportkarriere machte sie das Abitur und schloss ein Studium ab. Annike Krahn bereitete sich ebenfalls sehr frühzeitig durch Studium und Weiterbildungsangebote auf die Karriere nach der Karriere vor. Sie sagt, die Unterstützung durch Freunde und Familie sei wichtig, weil sie einem das Gefühl geben könnten, dass es neben dem Fußball noch andere Dinge gibt.

Für alle Sportler ist es wichtig, die Karriere nach der Karriere im Blick zu behalten und überlegt und gezielt Karriereschritte zu machen. Für Frauen aber spielt noch eine andere wichtige Sache eine Rolle, die für männliche Sportler sehr viel einfacher ist: die Familienplanung. Wann ist der richtige Zeitpunkt, Mutter zu werden? Im Frauenfußball ist es noch immer nicht normal, dass Frauen für die Schwangerschaft eine Auszeit nehmen, und so schieben viele das Thema in die Zeit nach der Karriere. Almuth Schult, Torhüterin beim VfL Wolfsburg, Nationaltorhüterin und Mutter von Zwillingen, oder die Amerikanerin Alex Morgan, die mit Babybauch beim Training für Schlagzeilen sorgte, sind tatsächlich im Frauenfußball eine Seltenheit, denn sie entschlossen sich, während der aktiven Karriere Mutter zu werden – mit dem Ziel, weiterhin professionell Fußball zu spielen. Das war bislang nicht selbstverständlich. Erst 2020 stellte die FIFA überhaupt bezahlten Mutterschutz für Fußballerinnen zur Debatte. Gleichberechtigung von Männern und Frauen im Fußball endet also nicht bei gleicher Bezahlung, sondern muss auch Chancengleichheit umfassen. Denn für männliche Fußballer ist Familienplanung während der Karriere überhaupt kein Problem, schließlich müssen sie dafür keine Auszeit einplanen.

5. Paralympics: Starke Vorbilder abseits des Mainstreams

Der Sozialverband VdK hat einen Knigge-Ratgeber für den Umgang mit behinderten Menschen herausgegeben. In diesem Wegweiser steht unter anderem, dass man sich bei einem Menschen im Rollstuhl oder einem Kleinwüchsigen um Augenhöhe bemühen sollte, indem man sich hinsetzt. Erwachsene Menschen mit Behinderung werden natürlich gesiezt. Warum ich das hier schreibe? Ganz einfach! Weil ich mich tatsächlich auf dem Weg nach Münster gefragt habe, wie ich mit Mathias Mester umgehen soll. Ich gebe zu, dass ich in meinem Leben auf sehr wenige Menschen mit Behinderung getroffen bin.

Vor Sportlern mit Behinderung habe ich richtigen Respekt. Sie kommen mit ihrer Behinderung durch den Alltag und wenn wir ehrlich sind, dann ist unsere Umwelt wirklich nicht auf behinderte Menschen ausgelegt. Und sie sind Könner ihrer Sportart. Trotz der Doppelbelastung von Ausbildung, Beruf und Sport erbringen sie mit viel Leidenschaft Höchstleistungen. Und zu den erfolgreichsten gehört Mathias Mester.

5.1 Mathias Mester: GROSS denken

In Münster angekommen, habe ich im Kopf noch immer nicht die Frage beantwortet, wie ich mit Mester umgehen sollen. Am Telefon hatten wir schon öfter miteinander gesprochen, aber live noch nicht. Ehrlich gesagt, hat Matze mir meine Frage schneller beantwortet, als ich darüber nachdenken konnte. Er kam ganz schnell auf mich zu, reichte mir sofort die Hand und sagte: »Hi, ich bin Matze!« So viel zu: Begeben Sie sich auf Augenhöhe und siezen Sie.

Nach unserem Gespräch bin ich sehr beeindruckt von einem tollen Menschen mit klaren Zielen. Doch sein großes Ziel einer Goldmedaille bei den Paralympics in Tokio hat Mathias Mester leider nicht mehr erfüllen können. Er hat 2021 seine Karriere ungeplant aufgrund der Langfristfolgen einer Rücken-OP beendet. Auch wenn ich weiß, dass sein großes Ziel, eine goldene Medaille bei den Paralympics, verwehrt blieb, so hat er in seiner sportlichen Karriere doch viele Rekorde gebrochen. Die Sportwelt verliert mit Mesters Karriereende einen großartigen Athleten, aber der Rest der Welt gewinnt einen einzigartigen und beeindruckenden Menschen, von dem wir noch viel erwarten können.

Mit Flexibilität und Humor an die Weltspitze

»Klein anfangen – groß rauskommen«, das ist das Motto von Mathias Mester und Titelstatement auf der Webseite des 1,42 Meter großen Athleten. Er sagt von sich selbst, er sei ein kleiner Mann mit großer Klappe. Mathias Mester ist nicht nur bekannt für seine Erfolge bei den Paralympischen Spielen und anderen internationalen Wett-

kämpfen, sondern auch für seinen Frohsinn und seine witzigen Social-Media-Beiträge. Der Fünfunddreißigjährige war dabei einer der erfolgreichsten Parasportler Deutschlands und neben Diskuswurf und Kugelstoßen liegt seine Leidenschaft im Speerwurf, seiner erfolgreichsten Sportart.

»Meine Familie ist sehr sportlich. Meine beiden Cousinen spielen in der Ersten Bundesliga oder haben in der Ersten Fußballbundesliga gespielt. Mein Vater hat relativ hoch Fußball gespielt«, sagt Mathias Mester über die Ursprünge der Sportkarriere. Durch die Fußballleidenschaft der Familie gelangte auch er zunächst zum Fußball, bevor er durch Zufall bei der Leichtathletik landete. Während eines Hobbyturniers fragte ihn sein damaliger Trainer, ob er vielleicht bei einem

Leichtathletik-Probetraining bei Bayer 04 Leverkusen mitmachen wolle, weil er so fit war. Damit war der Ursprung für seine Leichtathletik-Karriere gelegt, denn beim Probeturnier traf er auf Trainerin Steffi Nerius, mit der er später zusammenarbeiten sollte. Zunächst aber wurde er in seinem Heimatort Coesfeld vom ehemaligen Leverkusen-Trainer Herbert Hessel betreut. »Ich glaube, er hat schon gesehen, dass ich sportlich ganz fit und ganz gut drauf bin«, sagt Mathias Mester über die Begegnung mit dem Trainer.

Seine ersten Erfolge feierte er im Alter von achtzehn Jahren, als er 2005 in Berlin Internationaler Deutscher Meister (IDM) im Kugelstoßen, Diskus- und Speerwurf wurde. Weitere Titel folgten in kurzer Folge: Ein Jahr später holte er in Dublin die U23-Weltmeistertitel in denselben Disziplinen. Beim Speerwurf stellte er mit 35,49 Metern einen neuen Weltrekord auf, einen Rekord, den er 2009 bei den IDM in Sindelfingen mit 38,58 Metern und bei den IWAS World Games mit einer Weite von 40,69 Metern erneut brach.

Der Versuch, Mathias Mesters Erfolge in den nächsten Jahren der Karriere aufzuzählen, endet in einer langen Liste, die fast eine ganze A4-Seite füllt. Der Leichtathlet startet in der Startklasse F41 für kleinwüchsige Athleten und holte bei den Paralympischen Spielen in Peking Silber im Kugelstoßen. In dem Jahr konnte er im Diskus- und Speerwurf nicht antreten, da diese Disziplinen aus dem paralympischen Programm gestrichen worden waren. 2012 gelangte er dann in London im Speerwurf auf den siebten Platz und erreichte in derselben Disziplin den fünften Platz bei den Paralympics 2016. Bei den IPC Weltmeisterschaften 2006, 2009 und 2013 holte Mathias Mester jeweils den Titel in seiner Paradedisziplin, dem Speerwurf. Mester gewann mehrere deutsche Meisterschaften in den Disziplinen Kugelstoßen, Diskus- und Speerwurf und gewann dreimal die IPC Europameisterschaft im Speerwurf.

Bereits 2007 zeichnete der Kreis Coesfeld ihn mit dem lokalen Sportmedienpreis aus und er wurde zum Behindertensportler des Jahres 2007 gewählt. Ein Jahr später erhielt er das Silberne Lorbeerblatt des Bundespräsidenten und das Land Nordrhein-Westfalen ernannte ihn zur Sportpersönlichkeit 2008 im Behindertensport.

Auch von der Coronapandemie und der Verschiebung der lang ersehnten Paralympischen Spiele im Sommer 2020 ließ sich Mathias Mester zunächst nicht unterkriegen: Er eröffnete in seinem Zuhause die Parantänischen Spiele 2020. Die vierzehntägigen Wettkämpfe begannen ganz traditionell mit der Einzugszeremonie: Mathias Mester im Trikot tritt aus dem Fahrstuhl, gefolgt vom Einlaufen der Fackel – ein Feuerzeug – und dem Entzünden des parantänischen Feuers, in diesem Fall eines Teelichts. Am nächsten Tag die ersten Wettkämpfe: 1,50 Meter Kraulschwimmen in der hauseigenen Badewanne. Gefolgt von Tag 3 mit Hochsprung aufs Bett. Mathias Meister scheitert schließlich beim dritten Sprung an einer Höhe von Bett + Wäschekorb + Klopapier. Die Videos wurden auf Youtube ein Hit und im Dezember 2020 ließ Mathias Mester die Parantänischen Winterspiele folgen, inklusive Dreischanzenturnier auf den Rutschen der lokalen Spielplätze – und das in voller Montur mit Helm und Skiern. Der Deutsche Behindertensportverband zeichnete ihn dafür bei der Wahl des Parasportlers des Jahres mit dem Sonderpreis für »Besondere Leistung« aus.

Mathias Mester war tatsächlich eine positive Ausnahme, denn die Coronapandemie war für den Deutschen Behindertensportverband (DBS) gravierend, da der normale Breitensport im Behindertensport unmöglich wurde. Die Folge war ein entsprechender Mitgliederschwund. Auch Mathias Mester erkannte in dieser Situation, dass die Leute wieder neu motiviert und zu den Vereinen gebracht werden müssten – doch das Angebot fehlte über einen langen Zeitraum und so erschwerte die Pandemie besonders den Behindertensportlern den Zugang zu den Anlagen und Sportangeboten. Auch die Debatte um die Verschiebung der Paralympics war für den Verband nicht einfach, denn zum einen braucht der Behindertensport die Aufmerksamkeit, um Menschen an sich heranzuführen, auf der anderen Seite wollten aber weder der Verband noch die einzelnen Sportler die Gesundheit der Teilnehmer gefährden. Für Mathias Mester stand ebenfalls die Gesundheit der Sportler an erster Stelle, auch wenn es im Behindertensport tatsächlich nur alle vier Jahre die Möglichkeit gibt, das Können vor einer breiteren Öffentlichkeit zu zeigen.

Multitalent mit großem Fleiß

Ein Reiz des Sports ist für Mathias Mester die Möglichkeit, sich mit anderen Sportlern zu messen. Dann am Ende des Wettkampfs auch noch auf dem Treppchen zu stehen ist für ihn ein unbeschreibliches Erlebnis. Grundsätzlich führt der Sport zu Veränderungen und gibt den Athleten eine größere Stärke – nicht nur körperlich, sondern auch mental. »Ich bin jetzt selbstbewusster und auf jeden Fall stehe ich den Leuten oder der Welt ganz anders entgegen. Ich glaube, das war schon dem Sport zu verdanken«, sagt Mathias Mester.

Anders als manch andere Sportler hat sich Mathias Mester nicht fest einer einzigen Sportart verschrieben, sondern er tritt neben seiner Paradedisziplin, dem Speerwurf, auch im Kugelstoßen und Diskuswerfen an. Der Speerwurf mache ihm dabei am meisten Spaß und liege ihm am meisten, sagt er. »Es sieht auch schon geil aus, wenn ein 1,42 Meter großer Typ einen Speer über vierzig Meter weit wirft«, sagt Mathias Mester. Dazu gehört viel Technik und er war der erste Kleinwüchsige, dem diese Weltrekordweite gelang.

Um in allen drei Disziplinen erfolgreich zu sein, braucht es nicht nur das entsprechende Talent: »Ich glaube, da gehört auf jeden Fall sehr viel Fleiß, harte Arbeit und Training dazu«, sagt Mathias Mester. Man muss aber immer die richtige Balance finden zwischen Freizeit und Regeneration auf der einen und Training und Wettkämpfen auf der anderen Seite. Neben dem Fleiß sei es wichtig, ein Ziel vor Augen zu haben. Und auch Spaß an der Sache ist für den Leistungssportler ein herausragender Faktor. »Ich bin ehrlich gesagt tatsächlich bis heute mit Spaß dabei, und das ist ein sehr großer Faktor für mich. Wenn ich jetzt an dieser Sache keinen Spaß hätte, dann glaube ich würde das auch nicht so funktionieren, wie es jetzt funktioniert hat«, sagte Mathias Mester noch kurz vor dem offiziellen Karriereende.

Internationale Wettkämpfe wie die Europa- oder Weltmeisterschaften sind für ihn wichtig. »Da kann ich zeigen, was ich draufhabe. Ich kann in der Öffentlichkeit vor allem auch zeigen, was so in einem Kleinwüchsigen drinsteckt, besonders bei den Paralympics«, sagt er, denn zum Glück erreichen die Paralympischen Spiele heute eine breite Öffentlichkeit. So sind zum Beispiel die Übertragungszeiten im Fernsehen deutlich länger geworden. Wie Olympia kommen die Paralympics nur alle vier Jahren »und dafür gibt man einfach alles und man motiviert sich umso mehr«, denn teilnehmen will man als Athlet auf jeden Fall, erklärt Mester. Auch wenn man bereits einen Titel hat, so ist doch jede Weltmeisterschaft oder jeder große Wettkampf immer wieder eine neue Herausforderung. Als amtierender Weltmeister anzutreten, kommt mit einer besonderen Herausforderung: »Du bist der Beste und du trittst als Weltmeister an und alle wollen dich schlagen. Du bist nicht mehr der Jäger, sondern der Gejagte, und das ist schon geil, weil du zeigen kannst: Ich stehe zu Recht ganz oben und verteidige meinen Titel.«

In der Vorbereitung geht es darum, richtig zu trainieren, insbesondere die Schwächen oder die schwächere Körperseite. Mathias Mester ist Rechtshänder und wirft auch mit rechts, seine linke Seite ist, wie er sagt, »nicht so wirklich toll, aber ich muss es einfach machen, um meinen ganzen Körper zu beanspruchen und so ans Ziel zu kommen«. Im Trainingslager – von anderen gerne scherzhaft als Urlaub bezeichnet – stünde schon morgens vor dem Frühstück das erste Training an, gefolgt von einer weiteren Trainingseinheit am Morgen und einer dritten Einheit am Nachmittag. »Was ich auch sehr wichtig finde, ist, dass man auf seinen Körper hören sollte«, sagt Mathias Mester. Dazu gehört zum Beispiel eine regelmäßige Physiotherapie – nicht weil man gerade Schmerzen hat nach dem Training, sondern »damit auch keine Schmerzen entstehen«.

Mit Schmerzen hat Mathias Mester viel Erfahrung und sie waren schließlich auch ausschlaggebend für das unerwartete Karriereende: Im Juni 2021 beendete Mathias Mester seine Zeit im Profisport, weil er noch immer mit den Komplikationen einer lange zurückliegenden Rückenoperation zu kämpfen hatte. Auch wenn Mester bei der EM in Polen noch eine Goldmedaille im Speerwurf abgeräumt hatte, die vom Deutschen Leichtathletikverband festgelegte paralympische Norm konnte er aufgrund der Schmerzen nicht mehr erreichen. Seit der Operation im Lendenwirbelbereich 2010 hatte er regelmäßige Probleme, die in der Vorbereitung auf die Paralympics schließlich einfach zu stark wurden.

Gerade wenn man mit Schmerzen zu kämpfen hat, reicht körperliche Kraft alleine nicht aus. »Man trainiert auch seine mentale Stärke«, erklärt Mathias Mester. Dazu gehört für ihn unter anderem die Zusammenarbeit mit einem Mentalcoach. Die Rolle der mentalen Stärke im Sport hatte der Leichtathlet anfangs völlig unterschätzt. »Also ich habe immer gesagt, das braucht man nicht, ist Quatsch. Aber mittlerweile bin ich sehr dankbar, dass ich jemanden gefunden habe, der mit mir daran arbeitet«, erzählt Mathias Mester über sein Mentaltraining. Dazu gehört neben dem Sport auch, Dinge aus dem Privatleben zu verarbeiten, die möglicherweise die Leistung im Sport beeinflussen können. »Es ist tatsächlich so, dass ich so ein Typ Sportler bin, der dann wirklich nicht abschalten kann. Auch im Training nicht! Man sagt ja immer, die Sachen, die man am liebsten macht, da kann man dann Sachen vergessen, aber das war anfangs für mich nicht so. Ich hatte tatsächlich im Training trotzdem immer noch diese Gedanken und war nie hundert Prozent bei der Sache«, erzählt er. Verschiedene Entspannungstechniken haben ihm geholfen. So hatte er früher immer Zeit gebraucht, um im Bett einzuschlafen, dafür hat er jetzt eine entsprechende Technik. »Ich mache das dann und mein Körper fährt so runter, dass ich dann einfach wirklich müde bin und entspannt einschlafen kann und mich am anderen Tag topfit fühle«, sagt Mathias Mester.

Er gehe inzwischen viel spazieren, um den Kopf frei zu bekommen. Sein Tipp: Wer den ganzen Tag arbeitet oder trainiert, der sollte sich auch Zeit für sich selbst nehmen, spazieren gehen oder einen anderen Ausgleich suchen, so wie es Mathias Mester macht.

Ziele: Der Trainer hilft beim Vierjahresplan

Die Paralympics finden alle vier Jahre statt und so gibt es beim Training einen entsprechenden Vierjahresplan. »Weltmeisterschaften und deutsche Meisterschaften sind quasi Stationen, aber nicht nur so zum Mitnehmen, sondern weil man sich da optimal drauf vorbereitet«, sagt Mathias Mester. Die Wettkämpfe sind also nicht nur Durchlaufstationen, »sondern ich bereite mich schon speziell in dem Jahr auf die Weltmeisterschaft oder Europameisterschaft vor, und es ist natürlich ein bisschen anders, wenn man die Paralympischen Spiele erlebt hat, da haben wir den Fokus auch in der Öffentlichkeit und dann können wir zeigen, was wir draufhaben«. Das ist ein zusätzlicher Motivationsfaktor, der bei der Weltmeisterschaft oder der Europameisterschaft fehlt. Das heißt aber nicht, dass er sich entsprechend weniger vorbereitet oder weniger Leidenschaft für den Sieg mitbringt. Jeder Wettkampf hat vorab seinen eigenen Trainingsplan.

Strukturiert durch die jährlichen Wettkämpfe erfolgt das Training in einer entsprechenden Periodisierung: Nach einer Meisterschaft erfolgt die Regeneration, aber nach ein bis zwei trainingsfreien Monaten »geht es schon wieder los«. »Das heißt, ich habe im Endeffekt in einem Jahr eineinhalb bis zwei Monate wirklich, freiwillig Urlaub und ansonsten geht es im Training direkt weiter«, erzählt Mathias Mester über seinen Trainingsalltag. Der Sportler muss hier seinem Trainer vertrauen, »also der Trainer sagt zum Beispiel: Jetzt im Winter machst du mehr Ausdauer, im Sommer ein bisschen mehr Technik«. Bei der Planung des Trainings hat er natürlich Mitspracherecht, aber die endgültige Entscheidung liegt beim Trainer.

Was aber macht für Mathias Mester einen guten Trainer aus? »Ich bin schon so ein Typ, der Gemeinschaftlichkeit braucht und im Team funktioniert«, sagt der Leichtathlet. »Ich finde es gut, wenn man sich duzt und wenn man auch so eine Kumpel-Basis hat.« Das heißt beispielsweise, dass man nicht nur über das Training redet, sondern sich auch privat unterhält. Mathias Mester braucht das Gefühl, dass er im Trainer eine Art Freund hat, mit dem er über Probleme reden kann. »Ich glaube, das ist auf dieser Kumpel-Ebene schon ein bisschen lockerer und entspannter und du kannst einfach mit dem Trainer reden, wenn gerade etwas nicht passt«, ergänzt Mester. Der perfekte Trainer ist für ihn eine Mischung aus professioneller Unterstützung und Kumpel-Beziehung.

Dass Mathias Mester einen Trainer wechselt, dafür müsste schon eine Menge passieren, aber manchmal ist es notwendig. Beim Abschied von seiner langjährigen Trainerin Steffi Nerius war die Zeit einfach reif, etwas Neues auszuprobieren: »Ich habe acht Jahre mit ihr zusammengearbeitet, das ist schon eine lange Zeit«, sagt Mathias Mester. »Ich glaube, das ist wie bei einem Jobwechsel, dass man irgendwann mal einfach andere Reize für sich entdecken sollte, gerade im Sport, wo man sich ja wirklich sehr, sehr oft motivieren muss.« Ein neuer Reiz setzt neue Impulse und für Mathias Mester war das stets der ausschlaggebende Punkt: Er wollte sich durch den Trainerwechsel verändern und weiterentwickeln. Beim Trainerwechsel merke man dann recht schnell, ob die Chemie passt oder nicht, sagt er.

Mit Veränderungen umzugehen lernen

Gerade ältere Sportler haben irgendwann mit einem höheren Verletzungsrisiko und abfallender Leistung zu kämpfen, und so kann es sinnvoll sein, sich rechtzeitig ein zweites Standbein aufzubauen. Neben seiner sportlichen Karriere schloss Mathias Mester eine Ausbildung zum Bürokaufmann ab, die er 2007 begonnen hatte. Anschließend machte er eine zweite Ausbildung zum Bauzeichner. Damit ist Mester gut auf die Zeit nach dem überraschenden Karriereende vorbereitet.

Einen Vorteil haben Sportler: Sie lernen, mit Veränderungen umzugehen, zum Beispiel, wenn sich die Wettkampfregeln ändern. Gerade Witterungsbedingungen spielen eine Rolle bei der Leichtathletik: Schüttet es aus allen Kübeln, müssen Sportler wie Mathias Mester trotzdem ganz entspannt bleiben, auch wenn sie vielleicht gerade keinen Bock darauf haben, klatschnass zu werden, und der Regen natürlich die Leistung beeinträchtigt, wenn Speer oder Diskus so nass sind, dass man keinen guten Griff bekommt. »Ich stelle mich darauf ein, dass ich nicht bei jedem Wettkampf meine Bestleistung werfen kann – aufgrund der Wetterbedingungen«, sagt Mathias Mester. Gegenwind oder starker Seitenwind sind nicht gerade willkommen. Ist das Wetter aber schlecht, dann haben alle Teilnehmer die gleichen schlechten Voraussetzungen und das gleicht den Wettkampf entsprechend aus. Mathias Mester geht gerade bei Widrigkeiten in seinen stärksten Wettkampfmodus. Dann heißt es: Attacke und das Beste geben. Damit ist er immer gut gefahren.

Aber natürlich können Spitzensportler nicht immer gewinnen – so müssen sie nicht nur lernen, mit Veränderungen, sondern auch mit Niederlagen zu leben. Mathias Mester erinnert sich an einen Weltmeisterschaftswettkampf im Kugelstoßen, in dem er sich Runde um Runde verbesserte, sich am Ende dann trotz Rekordweiten aber seinem Konkurrenten geschlagen geben musste. »Es war an sich ein Megakampf, aber ich habe verloren und, ja, da war ich sehr traurig, oder, wie soll ich sagen, ich war schon enttäuscht.« Schließlich war die Goldmedaille schon in Sichtweite. »Wenn aber ein bisschen mehr Zeit verstrichen ist, dann wandelt man das quasi in Leistung um«, sagt Mathias Mester. »Niederlagen haben mich eigentlich eher stärker gemacht und noch mehr den Willen rausgeholt, dass ich jetzt unbedingt gewinnen will«, erzählt er. »Deshalb kommt es darauf an, wie man das umwandelt oder wie man damit umgeht.« Traurig in der Ecke zu sitzen sei verlorene Zeit. Mathias Mester hat Mittel entwickelt, um sich »relativ schnell wieder aus Situationen rauszuholen«, sagt er. »Ich kann mich mit Musik sehr gut motivieren, und wenn ich doch traurig bin wegen einer Niederlage, dann kommt Musik auf die Ohren und dann ist das schon wieder gut.« Das hilft dem Leichtathleten, schnell wieder in eine positive Stimmung und zu einer erneuten Motivation zu finden.

Motivation ist nicht das Einzige, was Unternehmen von Sportlern lernen können. Zielsetzung ist wichtig: Sportler gewinnen Gold, aber damit geben sie sich dann noch lange nicht zufrieden. Goldmedaillengewinner wollen mehr: Sie wollen weiter Gas geben und unter den Topsportlern bleiben. Einmalig gute Verkaufszahlen zu erreichen, kann – im direkten Vergleich – somit auch nicht das Endziel von Unternehmen sein. Für Mathias Mester reicht es auch nicht, nur einen Blick auf die Vorstände zu werfen. Auch auf die Mitarbeiter sollte man ein Auge werfen, sagt er. Hier kann es schnell passieren, dass man nicht mehr motiviert ist, »vielleicht auch, weil man immer das Gleiche macht«. Ähnlich ist das beim Sport, wo man ebenfalls jeden Tag zum Training gehen und die gleichen Routinen abspulen muss, aber man hat dabei ein Ziel, nämlich dem Gegner einen Schritt voraus zu sein. Diese Fokussierung und die damit verbundene Motivation lassen sich beide auf Unternehmen übertragen, sagt Mathias Mester. »Ich glaube, davon können sich Mitarbeiter eine Scheibe abschneiden.«

5.2 Paralympics – ein kurzes Schlusswort

Gerne hätte ich in diesem Buch mehr paralympische Athleten dargestellt, doch die Coronapandemie und die Paralympischen Spiele haben der Recherche dann doch einen Strich durch die Rechnung gemacht. Aber: Mit Mathias Mester findet der paralympische Bereich im Buch für mich einen würdigen Vertreter. Er ist nicht nur ein herausragender Sportler, sondern auch eine ansteckend fröhliche Persönlichkeit, und neben seinen sportlichen Erfolgen macht ihn auch seine lustige und kreative Social-Media-Präsenz zu einem Vorbild – gerade in ungewissen Krisenzeiten. Mathias Mester ist das beste Beispiel dafür, wie wichtig es ist, sich widrigen Umständen anzupassen und flexibel zu bleiben: Als Spitzensportler trat er in gleich drei Disziplinen an, unter anderem, weil ihm zunächst ein Paralympics-Auftritt in seiner Paradedisziplin verwehrt blieb und er sich eine Alternative suchen musste. Wer sich so flexibel den Gegebenheiten anpasst, der kann trotzdem zu (internationalem) Erfolg gelangen. Bei Mathias Mester war das beispielsweise die Silbermedaille im Kugelstoßen bei den Paralympischen Spielen in Peking. Ohnehin müssen Sportler lernen, mit Veränderungen umzugehen. Darunter fallen zum Beispiel Regeländerungen oder schlechtes Wetter, das gerade in der Leichtathletik, die draußen stattfindet, die Leistung beeinflussen kann. Mathias Mester veranlasste das nicht zum Aufgeben, sondern reizte ihn zu einem noch stärkeren Wettkampfmodus, um die schlechten Bedingungen auszugleichen. Die mentale Stärke hierfür hat er gezielt mit einem Coach trainiert – auch wenn er anfangs dachte, dass er das gar nicht brauche. Doch so sehr sich Sportler an widrige Umstände anpassen können, einige Ereignisse sind dann doch ein Schlag: Dass die Olympischen und Paralympischen Spiele aufgrund von Corona für ein Jahr verschoben werden mussten, warf für alle Sportler den Trainingsplan über den Haufen. Für Mathias Mester bedeutete es ein Karriereende ohne erneute Medaillenhoffnung. Die Paralympics in Tokio kamen für ihn gesundheitsbedingt leider nicht länger infrage.

Mehr als viertausend Athleten treten 2021 bei den Paralympischen Spielen in Tokio an und kämpfen in dreiundzwanzig Disziplinen um Rekorde, Medaillen und sicher auch ein Stück weit um Anerkennung. Der Behindertensport lebt von den Paralympics, da dies die einzige Zeit ist, wo der Sport entsprechende mediale Aufmerksamkeit bekommt. Und damit die deutsche Hymne auch in Tokio ertönt, geben Athleten wie Niko Kappel, Denise Schindler oder Gina Böttcher natürlich ihr Äußerstes.

Paralympische Athleten sind Spitzensportler, wie jeder andere Sportler ohne Behinderung auch. Sie haben den Wunsch, Bestleistungen zu geben, Erfolge zu feiern und die verdiente Anerkennung zu bekommen. In diesem Punkt sind wir alle gleich – egal ob mit oder ohne Behinderung.

Finale

Anfang August 2021. Während ich in mein Hotel einchecke, sehe ich in der Lobby, wie der Traum von Gold der deutschen Handballer endet. Sie verlieren im Viertelfinale gegen Ägypten. Gold wollten sie holen und nun verlassen sie mit gesenktem Haupt das Handballfeld. Niederlagen kann man nicht trainieren, man kann nur daran wachsen.

Während ich das Schlusswort zu diesem Buch schreibe und mir Gedanken darüber mache, was ich eigentlich schreiben möchte, laufen schon seit zwei Wochen die Olympischen Spiele in Tokio. Immer wieder sehe ich neue und alte Helden, die wie ein Phönix der Asche entsteigen, ich sehe Favoriten, die ihrer Rolle gerecht werden, und diejenigen, die am Druck zugrunde gehen. Und dabei ist es egal, ob der Druck von außen oder von innen kommt. Bestes Beispiel ist die US-amerikanische Turnerin Simone Biles. Sie bricht die Spiele ab – mit der Begründung, dem Druck nicht mehr standhalten zu können. Es geht mental einfach nicht mehr. Doch am Ende gibt es für sie tatsächlich noch ein Happy End: Sie gewinnt in einer Disziplin die Bronzemedaille.

Plötzlich stehe ich beim Schreiben vor der Frage: Was habe ich eigentlich aus diesem Buch gelernt? Mir kommt dabei die Zeit vor meinem Sommerurlaub in den Kopf. Da hatte ich gemeinsam mit Martin Strobel zwei Workshops gemacht, einen davon zum Thema Erfolg und Motivation. Und im Nachgang sagt er zu mir: »Wow, heute habe ich viel gelernt.« Ich auch.

Erfolg ist nun einmal nicht dieser eine Weg, diese eine Strategie, dieser eine Tipp und dann wird alles gut. Vielmehr beruht Erfolg auf dem ständigen Ausprobieren von vielen Strategien. Ausprobieren,

Anpassen, Optimieren und auch unbequeme Rückschläge gehören zum Siegen dazu. Und dann spielt natürlich auch etwas eine Rolle, das viele nicht gerne hören wollen: Wille, Training, Veränderungsbereitschaft, Fleiß, Durchsetzungsvermögen und das Verlassen der eigenen Komfortzone.

Hinter jedem erfolgreichen Sportler steckt zudem ein funktionierendes Team. Auch Einzelsportler haben Menschen im Hintergrund, und für den Sieg muss alles zusammenpassen. Das ist wie ein Uhrwerk: Jedes kleine Zahnrad muss an der richtigen Stelle in ein anderes greifen, damit es funktioniert.

Und dann entscheidet natürlich der Kopf über Sieg oder Niederlage, über Freud oder Leid. Die Erfahrung haben alle Sportler gemacht. Wenn es mental nicht klappt, dann hilft auch die beste körperliche Fitness nicht. Von Julius Brink habe ich gelernt, dass der Kopf zum Siegen dazugehört. Er hat gemeinsam mit Jonas Reckermann 2012 in London die Goldmedaille im Beachvolleyball geholt. Der Weg zu Gold war schwierig. Körperlich war Julius Brink nicht in der besten Verfassung und eigentlich war das Gespann zu klein für ihre Position. Dennoch war das Team ausgesprochen erfolgreich. Denn: Siegen ist nun einmal Kopfsache und mentale Stärke ist trainierbar.

Oliver Zeidler, ein deutscher Ruderer, ist in Tokio mit dabei. Ruderer aber ist er erst seit fünf Jahren. Davor war er ein Schwimmer. Für die letzten Olympischen Spiele hatte er sich als Schwimmer nicht qualifiziert und seine Trainingsgruppe brach auseinander. Seine Schwester ruderte und erwähnte ganz beiläufig, dass er das bestimmt auch könne. So entstanden eine neue Chance und ein neues Ziel. Leider gab es aber dieses Mal kein Happy End. Er verpasste den Finaleinzug und damit die Chance auf eine Medaille. Aber: Nur drei Jahre nach Beginn seines Trainings als Ruderer war Oliver Zeidler Weltmeister.

Dieses Buch zeigt also, dass es viele Faktoren gibt, die Menschen erfolgreich machen. Talent allein ist nicht das Entscheidende. Es ist vielleicht die Eintrittskarte, aber danach spielen andere Dinge eine Rolle, damit aus Talent dann auch Erfolg wird. Am Ende finde ich das sogar tröstlich: Es gibt einfach so viele unterschiedliche Wege zum Erfolg. Man muss also nicht verzweifelt einer Sache hinterherlaufen oder sich unter Druck setzen – nach dem Motto »Ich bin gescheitert«. Manchmal muss man gar kein Sieger sein, um ein Held zu sein.

Es gibt da dieses Sprichwort: »Ausdauersport kann man lernen, zum Sprinten muss man geboren sein.« Und glücklicherweise ist das Leben nun einmal ein Ausdauersport. Das ist toll. Dabei sollte es einem egal sein, was andere darüber denken. Man sollte mit sich selbst zufrieden sein, dann weiß man am Ende des Lebens, dass sich alles gelohnt hat. Dann kann man auf sich selbst stolz sein. So wird man ein Weltmeister des eigenen Lebens. Und wenn ich ein Meister des Lebens werde, dann ist das doch auch geil!

Danksagung

Wer das Privileg hat, solch ein Buch schreiben zu dürfen, steht vor der großen Herausforderung, all die Menschen, die daran beteiligt waren, anzuerkennen. Schnell war uns klar, dass die Ereignisse und Geschichten und die dabei beteiligten Personen, die zur Entstehung dieses Werkes beigetragen haben, ein weiteres Buch füllen würden. Es ist weit mehr als die Leistung Einzelner. Ein Zusammenschluss von großartigen Menschen und deren individuellen Handlungen ist Ursache für diese Arbeit. Daher möchten wir dich als Erstes als Leserinnen und Leser anerkennen. Ohne deine Offenheit und Bereitschaft, sich von dem, was wir zu sagen haben, berühren zu lassen, würde dieses Werk nicht existieren.

Unsere besondere Wertschätzung gilt unseren Familien. Ihr habt unsere Macken ertragen. Danke auch den vielen Probelesern für die tolle Ermutigung und das wertvolle Feedback sowie unserer Korrektorin Jessica Holzhausen, die mit ganzem Herzen dabei war und entscheidend zum letzten Schliff beigetragen hat.

Literaturliste

Busemann, Frank; Lasko, Wolf; Busch, Peter (2005): Zehnkampf-Power für Manager. Wie sie die Erfolgsprinzipien des Sports für sich und Ihr Business nutzen. Springer Gabler Verlag, Wiesbaden

Busemann, Frank (2017): Mach's doch einfach. Das Buch für den Erfolg. Hellblau Verlag, Essen

Strobel, Martin (2020): Höhepunkt am Tiefpunkt. Extreme erleben und Chancen ergreifen. Nova MD, Vachendorf

Völker, Sandra (2015): An Land kannst Du nicht schwimmen: Wie ich Olympia gewann, fast alles verlor und wieder ins Leben fand. Orell Füssli, Zürich (Schweiz)

Bildnachweise

Hintergrundbild Umschlag: Elena Medvedeva, https://www.istockphoto.com/de

Seite 10: Annika Zimmermann: Gladys Chai von der Laage via www.imago-images.de

Seite 25: Julius Brink: imago sportfotodienst

Seite 42: Martin Strobel: imago/Revierfoto

Seite 59: Felix Danner: Oliver Vogler via www.imago-images.de

Seite 84: Frank Busemann: Kosecki/imago sportfotodienst

Seite 96: Nadine Apetz: Revierfoto via www.imago-images.de

Seite 111: Laura Philipp: Carla Nagel

Seite 125: Sandra Völker: imago/Camera 4

Seite 166: Annika Krahm: Eibner/imago sportfotodienst

Seite 181: Laura Benkarth: imago images/ActionPictures

Seite 197: Alexandra Popp: Darius Simka/regios24 via www.imago-images.de

Seite 228: Mathias Mester: Beautiful Sports/Axel Kohring via www.imago-images.de